全国气候影响评价

CHINA CLIMATE IMPACT ASSESSMENT

(2021)

中国气象局国家气候中心　编

内容简介

本书是中国气象局国家气候中心气象灾害风险管理室业务产品之一。全书共分为四章：第一章气候概况，介绍了全球和中国2021年气候特征、成因以及主要气候系统基本特征；第二章分类综述了对中国影响较大的干旱、暴雨洪涝、台风、冰雹和龙卷、低温冷害和雪灾、高温、沙尘以及雾和霾等重大天气气候事件及其影响；第三章阐述了气候对农业、水资源、生态、大气环境、能源需求、人体健康以及交通等领域和行业的影响评估；第四章摘录了2021年各省(区、市)气候影响评价分析。

本书资料翔实、内容丰富，较好地概括了2021年中国气候与环境和社会经济因素之间相互作用及影响，可供从事气象、农业、水文、生态以及环境保护等方面的业务、科研和管理人员参考。

图书在版编目（CIP）数据

全国气候影响评价. 2021 / 中国气象局国家气候中心编. -- 北京 : 气象出版社, 2023.10
ISBN 978-7-5029-8046-7

Ⅰ. ①全… Ⅱ. ①中… Ⅲ. ①气候影响－评价－中国－2021 Ⅳ. ①P468.2

中国国家版本馆CIP数据核字(2023)第176697号

全国气候影响评价(2021)
Quanguo Qihou Yingxiang Pingjia(2021)

出版发行：气象出版社
地　　址：北京市海淀区中关村南大街46号　**邮政编码**：100081
电　　话：010-68407112(总编室)　010-68408042(发行部)
网　　址：http://www.qxcbs.com　**E-mail**：qxcbs@cma.gov.cn
责任编辑：陈　红　**终　　审**：张　斌
责任校对：张硕杰　**责任技编**：赵相宁
封面设计：地大彩印设计中心
印　　刷：北京建宏印刷有限公司
开　　本：787mm×1092mm　1/16　**印　　张**：9
字　　数：230千字
版　　次：2023年10月第1版　**印　　次**：2023年10月第1次印刷
定　　价：90.00元

《全国气候影响评价(2021)》编委会

主　　编：钟海玲　蔡雯悦　陈逸骁　王国复

编写人员（以姓氏拼音为序）：

蔡雯悦　陈逸骁　代潭龙　冯爱青　高　歌

郭艳君　李　莹　刘　远　梅　梅　孙　劭

王国复　王启祎　王有民　徐良炎　尹宜舟

翟建青　张颖娴　钟海玲　周星妍　朱晓金

序

我国气象灾害种类多、范围广、强度大、灾情重，全球气候变化加剧了极端气象灾害发生的频率和强度，体现了气象灾害的长期性、突发性、巨灾性和复杂性，同时也反映出应对气象灾害风险任务的艰巨性。气象灾害风险是指气象灾害对人类社会产生不利后果的可能性，且这种后果又往往不能准确预料，风险评估就是对风险发生的强度和形式等进行评定和估计。气候是气象灾害风险孕育的环境，影响则是气象灾害对各行各业产生的直接或间接后果。对气候特征以及气象灾害影响进行逐年总结评估是认识气象灾害时空变化规律的重要手段，有利于公众了解当前气象灾害风险状况并增强风险意识。

2016年10月11日，中央全面深化改革领导小组审议通过了《关于推进防灾减灾救灾体制机制改革的意见》，指出推进防灾减灾救灾体制机制改革，必须牢固树立灾害风险管理和综合减灾理念，坚持以防为主、"防抗救"相结合，坚持常态救灾和非常态救灾相统一，努力实现从注重灾后救助向灾前预防转变，从减少灾害损失向减轻灾害风险转变，从应对单一灾害损失向综合减灾转变。"十三五"时期是全面建成小康社会的决胜阶段，贯彻落实"五位一体"总体布局、"四个全面"战略布局和新发展理念，如期实现经济社会发展总体目标，健全公共安全体系，都需要不断创新防灾减灾救灾体制机制。"十四五"时期是我国全面建成小康社会、实现第一个百年奋斗目标之后，乘势而上开启全面建设社会主义现代化国家新征程、向第二个百年奋斗目标进军的第一个五年。

近年来，随着我国气象防灾减灾工作不断深入，每年因气象灾害造成的直接经济损失占GDP比重逐渐下降，死亡和失踪人数显著减少，这表明我国的气象灾害风险管理能力正在日益增强。但是在全球气候变化的大背景下，我国各类气象灾害的危险性依然呈现加重趋势。气候预估结果显示，未来10～20年我国气温将持续升高，极端高温、强降水、洪涝和干旱等灾害风险增大，大气环境容量继续减少，污染扩散能力变弱。应对气候风险需从战略高度上重视气候安全问题，继续强化气候风险管理，合理开发气候资源，保护气候环境。

在极端气象灾害呈频发态势以及防灾减灾形势更加严峻复杂的背景下，《全国气候影响评价(2021)》内容重点围绕"气象灾害"以及"行业影响"，深入浅出地介绍当年气象灾害发生的背景、特征以及对行业的影响，并对当前新的评估方法和热点问题进行了详尽介绍。相信本书的出版，将有利于提升科技支撑水平，有效推动气象防灾减灾救灾事业的发展。

2022年8月15日

前　言

1983 年，本着“为了向党及国家各部门提供制定决策或规划时所需的综合性气候情报资料”的初衷，由原北京气象中心气候资料室(现国家气候中心气象灾害风险管理室)组织专家编写全国气候影响评价，记录当年全球及中国的气候概况，评述主要气候事件及灾害对农业、水利、交通等行业的影响。近 40 年为政府做好防灾减灾和重大决策提供了重要依据，为社会公众了解气候、灾害知识提供了翔实的信息。

近年来，随着人们对气候、气候变化以及气象灾害的认知逐步加深，以及社会经济的飞速发展，气候与气候变化影响评价业务逐步向气象灾害风险管理业务转变，相关业务也正面临着新的形势和新的需求。

气象灾害客观事实愈发严苛。我国是世界上自然灾害最为严重的国家之一，灾害种类多，分布地域广，发生频率高，造成损失重。近年来，受全球气候变暖的影响，极端天气气候事件趋多趋强，我国面临的气象灾害及其次生、衍生灾害风险正在不断加大，由此造成的灾害损失也在不断增加。据统计，近 5 年我国平均每年因天气气候灾害造成的直接经济损失接近或超过 3000 亿元。

防灾减灾战略面临新要求。为全面提高国家的综合防灾减灾救灾能力，习近平总书记指出：要努力实现从注重灾后救助向注重灾前预防转变，从应对单一灾种向综合减灾转变，从减少灾害损失向减轻灾害风险转变。为实现“三个转变”，加强决策气象服务的有效供给，气象灾害影响评估等工作应通过新的产品、新的技术在灾前预防、综合减灾和减轻灾害风险中发挥更大的作用。

国内外更加关注气象灾害风险管理。2010 年，坎昆世界气候大会通过了《坎昆适应框架》，提出将抵御极端气候事件和灾害风险管理作为适应气候变化的核心内容。2011 年，政府间气候变化专门委员会发布了《管理极端事件和灾害风险，推进气候变化适应》特别报告，以灾害风险管理和气候变化适应为主线，对全球气候变暖背景下灾害的变化及影响做出评估，并提出供各国政府有效管理极端天气气候事件和灾害风险的选择措施。2015 年，我国也发布了《中国极端天气气候事件和灾害风险管理与适应国家评估报告》，综合评估了气候变化背景下极端气候事件的情况并阐述了灾害风险管理和适应措施的进展，为我国管理极端事件和灾害风险提供了重要参考信息。

气象灾害风险管理的服务对象更加广泛。党的十八大以来，强调要牢固树立和贯彻落实“创新、协调、绿色、开放、共享”五大发展理念，适应推进新型工业化、信息化、城镇化、农业现代化和国家治理能力现代化的需要，坚持服务民生、服务生产、服务决策的宗旨。面对新形势和新要求，气象灾害风险管理作为公共气象服务的主要内容之一，应该主动在提高政府公共服务水平、促进经济快速平稳发展和保障人民群众福祉健康方面发挥更加突出的作用，其服务对象也应该由服务政府向服务行业、服务公众拓展和转变。这些转变可以看作是气象灾害风险管理领域的供给侧改革，其目标就是以精准定位和科技创新来优化业务和科研资源的配置，主动适应形势变化，全面提升服务能力，更好满足各方需求。

适应新形势，注入新成果，满足新需求，国家气候中心对全国气候影响评价进行改版，内容凝聚了气象灾害风险管理的最新研究成果，保留了年度详尽的灾害事件信息，其参考价值进一步提升：面向各级政府，可为防灾减灾救灾决策提供科学支撑；面向行业和企业，可为灾害风险管控提供重要参考依据；面向科研院所和高校，可为相关研究提供资源查阅；面向社会公众，可以作为气候与气象灾害相关知识的科普宝库。

编写《全国气候影响评价(2021)》是一项系统工程，既需要大量的数据统计分析与核实，又需要新技术的研究与应用，还需要认真细致的文字凝练。为此，国家气候中心成立了由20多名专家组成的编写组和技术支撑组，经多次讨论形成初稿，并经初审、终审形成现在的报告。在此，衷心感谢编写组和技术支撑组为该书顺利出版所做的大量工作。

编者

2022年7月15日

摘　要

2021 年，全球平均气温较工业化前偏高 1.1(±0.1) ℃，为有气象记录以来的第七暖年。中国平均气温较常年(1981—2010 年)偏高 1.0 ℃，为 1951 年以来第一暖年；四季气温均偏高，春季偏暖显著。全国平均降水量 672.1 毫米，比常年偏多 6.7%，为 1951 年以来第十二多；冬季降水偏少，春、夏、秋三季均偏多。六大区域中除华南地区年降水量偏少外，其余地区均偏多；七大江河流域中松花江、辽河、海河、黄河、淮河和长江流域降水量均偏多，珠江流域较常年偏少 16%。2021 年，华南前汛期开始偏晚，结束偏早，雨量偏少；西南雨季开始晚、结束早，雨量偏少；梅雨季入梅偏晚、出梅偏早，梅雨量偏少；华北雨季、东北雨季和华西秋雨开始偏早，结束偏晚，雨量偏多。

2021 年，中国气候状况总体偏差。汛期暴雨过程强度大、极端性显著，河南特大暴雨影响重，黄河流域秋汛明显，暴雨洪涝灾害总体较常年偏重；台风生成和登陆个数均偏少，登陆强度总体偏弱，台风“烟花”陆地滞留时间长、影响范围广，台风“狮子山”和“圆规”一周内相继登陆海南，超强台风“雷伊”12 月中旬正面袭击南沙群岛；高温过程多、结束时间晚；区域性和阶段性干旱明显，但影响总体偏轻；强对流天气过程频发强发，致灾严重；寒潮过程多、极端性强、影响范围广；沙尘天气出现早，强度强。全年，全国因气象灾害及其次生、衍生灾害导致受灾将近 1.0 亿人次，死亡和失踪 737 人；农作物受灾面积 1171.8 万公顷；直接经济损失 3214.2 亿元。与近 10 年(2011—2020 年)均值相比，农作物受灾面积、死亡和失踪人口以及直接经济损失均有所减少。

2021 年，我国主要粮食作物生长期间气候条件总体较为适宜，利于农业生产。冬小麦和夏玉米全生育期内，光、温、水等条件总体匹配，墒情适宜，但 7 月河南极端强降水对夏玉米产量造成较大影响。早稻生育期内，江南和华南大部时段热量充足、光照条件较好，利于早稻生长发育及产量形成，仅部分地区遭受阶段性阴雨寡照或强降水影响。晚稻和一季稻产区气象灾害偏轻，气候条件对农业生产比较有利。全国水资源量总体呈现“南枯北丰”分布。北京、天津、河北、山西、辽宁、山东、河南、陕西、上海、浙江属于异常丰水年份，内蒙古、吉林、黑龙江、江苏、重庆、四川、青海属于丰水年份；福建、广西、云南属于枯水年份，广东属于异常枯水年份。受气温偏高影响，冬季北方采暖耗能较常年减少，夏季降温耗能较常年增多。东北地区中东部、江南地区西部、华南地区大部及河南西部、陕西南部、湖北西部、四川东部、重庆、贵州大部、新疆南部等地人体舒适日数偏少；江苏东南部、安徽中南部、浙江东北部、贵州西南部、云南大部、四川西南部、西藏东南部、青海西北部、宁夏等地人体舒适日数偏多；全国交通运营不利日数普遍有 20～60 天，其中江淮东部、江汉大部、江南大部、西南东部和南部及辽宁东部、黑龙江中部和西北部、内蒙古东北部和西部、福建中北部等地超过 60 天。

Abstract

The global concentration of major greenhouse gases continued to rise in 2021, and the land surface temperature was 1.1 (±0.1) ℃ above pre-industrial levels, making 2019 ranked the seven warmest year on record. The average temperature in China was 1.0 ℃ higher than reference period (1981—2010), ranked the 1th warmest year since 1951. The temperature in all seasons were higher than the usual, and spring were obviously warmer. The average precipitation was 672.1 millimeters in China, 6.7% more than reference period, the 12th highest year since 1951. More precipitation appeared in spring, summer and autumn, but less precipitation appeared in winter. For the six geographic regions of China, annual precipitation was higher than reference period excepts in South China. For seven river basins in China, more precipitation than normal year was found in the Songhua River, Liaohe River, Haihe River, Yellow River, Huaihe River and Changjiang River, less precipitation was found in the Pearl River basin. In 2021, the dates of beginning of the rainy season in Southern China and Southwest China were later than the climatological dates, but the dates of end of the rainy season of them were earlier than the climatological dates with deficient precipitation. The Meiyu started later and ended earlier than normal with less precipitation during the rainy period. The rainy season in North China, Northeast China and autumn rain in West China started earlier and ended later than normal with more precipitation.

The climate condition in China in summer of 2021 was generally worse than the normal. The intensity and extreme characteristic of rainstorm was strong. Heavy rainstorm has great influence on Henan Province. There are rare autumn floods in Yellow River basin. The rainstorm processes losses were more than reference period. The number of generated and landing typhoons was less than normal, and the intensity of landing typhoon was generally weak. Typhoon "In-fa" is the longest typhoon on land since 1949 and has a wide range of influence. Typhoon "Lionrock" and "Kompasu" landed in Hainan in a week. The super typhoon "Rai" attacked Nansha Islands in mid-December. High temperature processes occurred frequently and its ended later than normal. The drought disasters had significant phased and regional characteristics, but its disasters losses were relatively light. Severe convection weather process occurred frequently and its disasters were relatively heavy. The intensity and extreme characteristic of cold wave process was strong. Sandstorm weather appeared was earlier than usual, its intensity was strong. In the whole year, meteorological and climate related disasters caused nearly 100 million people affected and 737 to be killed or missing. The affected area of crops was 11.718 million hectares. Direct economic losses reached 321.42 billion RMB. Compared to the average for the past 10 years (2011—2020), the area affected by crop disasters, the number of dead and missing, and direct economic losses have decreased.

The climatic conditions during the growth period of major grain crops in China in 2021 are relatively suitable and conducive to agricultural production. For the growth areas of winter wheat and summer corn in China, the climatic conditions including light and heat matched well, the soil moisture content is suitable, but heavy rainstorm in Henan Province had a great negative effect on the yield of summer corn. During the growth period of early-season rice, the light and heat matched well in Jiangnan and South China, which was favorable for agricultural production. Only early-season rice yield in some areas were greatly affected by periodic low temperature, overcast or rainy and scant lighting. The climatic conditions of late-season and single-season rice producing areas were also sufficient, and climate-related disasters were relatively light, which was favorable for agricultural production.

In 2021 the overall distribution of water resources in china is dry in the south and abundant in the north, with abnormally abundance in Beijing, Tianjin, Hebei, Shanxi, Liaoning, Shandong, Henan, Shanxi, Shanghai and Zhejiang Provinces (municipalities directly under the central government), and exceptionally deficient in Guangdong Province. With abundance in inner Mongolia, Jilin, Heilongjiang, Jiangsu, Chongqing, Sichuan and Qinghai Provinces, and deficient in Fujian, Guangxi and Yunnan Provinces. The average temperature in winter in northern China was higher than normal year, thus the heating energy consumption was lower. In summer, the average temperature in most parts in China was higher, and the cooling energy consumption was also higher than reference period. The comfortable days in China was less than normal year in some places including Central and eastern Northeast, western Jiangnan, most of South China, Western Henan, Southern Shaanxi, Western Hubei, Eastern Sichuan, Chongqing, most of Guizhou, Southern Xinjiang, etc. The unfavorable traffic days were generally over 20 days in China, wherein more than 60 unfavorable traffic days were found in eastern Jianghuai, most Jianghan, most Jiangnan, eastern and southern southwest, eastern Liaoning, central and northwestern Heilongjiang, northeastern and western Inner Mongolia, and central and northern Fujian.

目　录

第一章　气候概况

第一节　全球气候特征

2021年，全球主要温室气体浓度继续保持上升趋势，全球平均气温较工业化前偏高1.1（±0.1）℃，为有气象记录以来第七暖年。全球海洋持续升温，为有现代观测记录以来最暖的一年，全球海洋上层2000米的热容量再创历史新高。年内，全球多地发生重大天气气候事件，例如北半球热带气旋异常活跃、全球多地遭受严重暴雨洪涝灾害、北美和亚洲等地冬季遭遇强暴风雪、南美洲发生极端干旱、美国冬春季发生强龙卷以及欧洲南部和美洲等地夏季频发高温热浪和野火等。

一、地表温度为有气象记录以来第七暖年

2021年，全球平均气温比工业化前基线（1850—1900年）高1.1（±0.1）℃，是2015年以来连续第七年较工业化前偏高1.0℃（图1.1.1）。尽管全球气温由于2020—2022年的拉尼娜事件暂时下降，但2021年仍然是有气象记录以来第七暖年，并且2021年全球气温仍然比之前受拉尼娜影响的年份更温暖。这表明由于温室气体浓度的上升，全球平均气温的长期变暖远大于自然气候驱动造成的全球平均气温的年际变化。

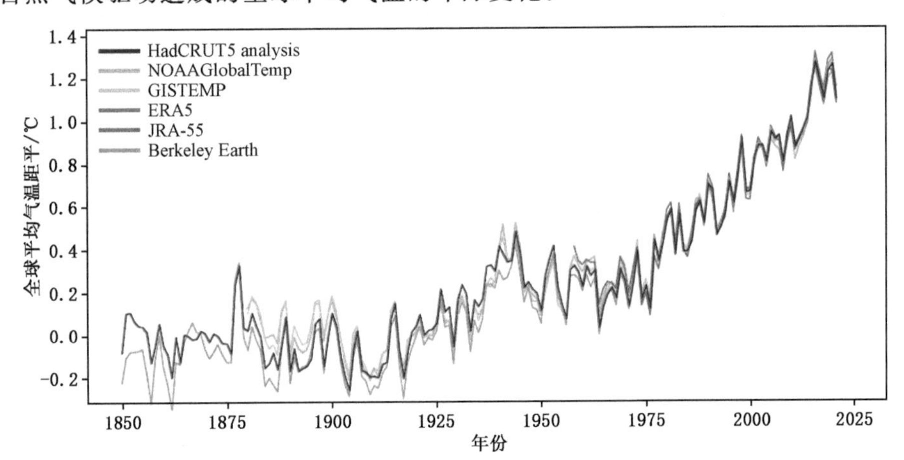

图1.1.1　全球平均气温距平（相对于1850—1900年平均值）历年变化（WMO，2022）
（HadCRUT 5 analysis是英国气象局和英国东英吉利大学联合发布的全球温度资料集；NOAAGlobalTemp是美国国家海洋和大气管理局发布的全球温度资料集；GISTEMP是美国国家航空航天局发布的全球温度资料集；ERA5是欧洲中期数值预报中心发布的全球大气再分析资料集；JRA-55是日本气象厅发布的全球大气再分析资料集；Berkeley Earth是全球陆地温度数据集）

空间上，全球陆地大部分区域的气温高于1981—2010年多年平均值，从美国和加拿大西海岸延伸到加拿大东北部和格陵兰岛，以及非洲中部和南部、中东大部分地区气温均明显偏高，其中北美东北部局地偏高3 ℃以上；西伯利亚西部和东部、阿拉斯加、澳大利亚大部分地区以及南极洲部分地区气温则低于常年。海洋上中东太平洋地区的偏低气温与年初和年底的拉尼娜现象相对应(图1.1.2)。

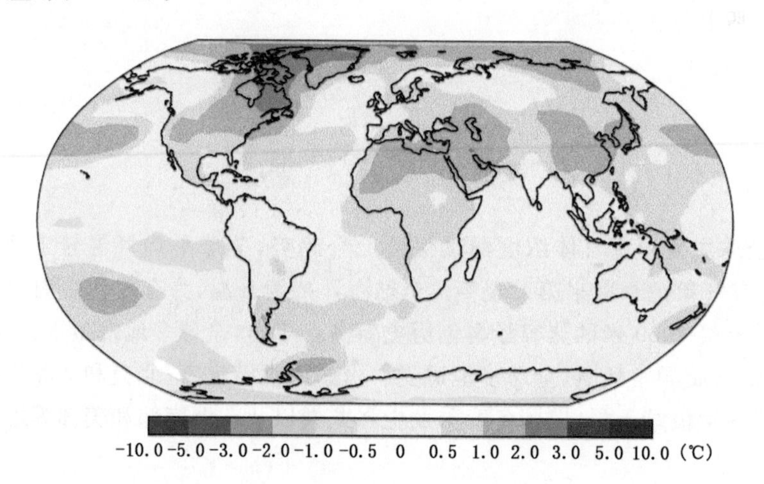

图1.1.2 2021年全球平均气温距平(相对于1981—2010年平均值)空间分布(WMO,2022)

二、海洋热容量创历史新高，海冰面积偏小

2021年，全球海洋持续升温，成为有现代海洋观测记录以来海洋最暖的一年。同时，地中海、北大西洋、南冰洋、北太平洋海区温度均创历史新高。海洋热容量是地球系统热量积累的一种量度，大约90%的热量储存于海洋。2021年，全球海洋上层2000米的热容量再创历史新高，过去7年(2015—2021年)为有记录以来海洋热容量最高的7个年份。2021年，57%的海洋经历了至少一次海洋热浪，低于2016年65%的历史记录，其中拉普捷夫海和波弗特海1—4月都发生了强的海洋热浪。自1993年有观测记录以来，全球海平面上升速率增加，2013—2021年平均达到4.5毫米/年，全球平均海平面在2021年达到了新的历史最高水平。2021年3月21日，北极海冰面积达全年最大(1480万千米^2)，2021年3月北极海冰面积是1979年有观测记录以来的第九或第十低；7月上半月北极海冰面积创历史新低；9月16日北极海冰全年最小(472万千米^2)，虽大于近些年，但仍远低于常年值，其中东格陵兰海的海冰面积创下了历史新低。南极海冰面积略低于常年值，2月19日出现年度小值(260万千米^2)，为有记录以来第十五低；最大值出现在8月30日(1880千米^2)，是除了2016年外第二次南极海冰面积最大发生在8月。

三、全球降水分布不均

2021年，东欧、东亚、海洋大陆、南美洲北部和北美洲东南部地区年降水量异常偏多；南亚西部和中东、非洲南部部分地区、南美洲南部和北美中部降水量偏少(图1.1.3)。受拉尼娜现象的影响，海洋和大陆的降水多于常年，巴塔哥尼亚的降水少于常年；非洲季风爆发较常年偏晚，季风降水量接近正常值。

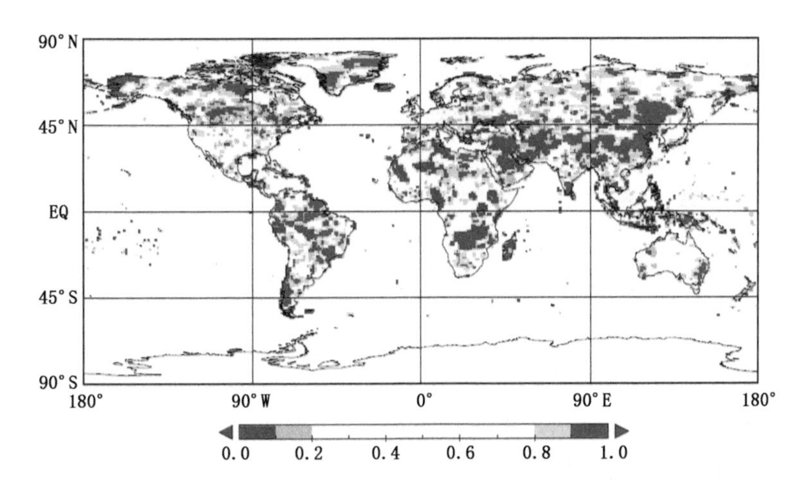

图 1.1.3 2021 年全球降水量在历史基准期(1951—2010 年)排序百分位(WMO,2022)

四、2021 年国外十大天气气候事件

1. 夏秋欧洲遭遇极端强降水

7 月上中旬,欧洲中西部出现极端性强降水,德国部分地区日降水量达 100～150 毫米,超过当地常年 7 月总降水量。德国中部山地日降水量达 162 毫米,波恩-科隆气象站最大日降水量 88.4 毫米,打破了该站的历史纪录。伦敦部分地区 90 分钟降水量接近 80 毫米,其西南部一植物园小时降水量达 47.8 毫米,超过了当地常年 7 月总降水量,打破 1983 年以来历史纪录。10 月上旬,意大利北部出现强降雨,罗西里奥内 12 小时降水量高达 604 毫米,24 小时降水量超过 900 毫米,打破欧洲有气象记录以来最高日降水量极值。极端强降水导致欧洲中西部出现严重洪涝灾害,德国至少 180 人因灾死亡。意大利、卢森堡、比利时、荷兰等国也发生了洪涝或山体滑坡。

2. 冬季风暴“乌里”袭击北美,破低温极值

2 月中旬,冬季风暴“乌里”袭击北美大部,加拿大南部、美国大部、墨西哥北部遭遇强寒流和极端暴风雪,多地最低气温突破历史极值,美国俄克拉何马城(－26 ℃)破 1899 年以来最低纪录,得克萨斯州(其纬度相当于中国长江中下游地区)最低气温下降至－22 ℃,为 1895 年以来罕见。墨西哥北部最低气温低至－18 ℃,至少十余人因低温死亡。加拿大温莎市降雪量达 200 毫米,皮尔逊国际机场降雪量 120 毫米,渥太华降雪量 180 毫米。此次灾害影响重大,美国至少 100 人丧生,超过 550 万家庭断电停电,为美国近代史上最大的停电事件之一。

3. 南非极端寒潮致多地最低气温创纪录

南非地处非洲高原最南端,全境大部分处于副热带高压带,属热带草原气候。7 月下旬,正值冬季的南非受南极极端寒潮影响,南非国内 19 个地区的气温突破冰点并伴有降雪,多地最低气温陆续被刷新。7 月 23 日,首都约翰内斯堡最低气温为－7 ℃,打破了 1995 年 7 月出现的最低气温纪录(－6.3 ℃);金伯利的最低气温则达到了－9.9℃,大多数南非城市的气温都打破了近 20 年来的最低气温纪录。

4. 美国冬季发生罕见强龙卷事件

12月11日，美国中部和南部6个州出现大范围极端强对流天气，遭遇至少61个龙卷袭击，并伴有强风和局地冰雹。田纳西州观测到直径2～5厘米的冰雹，其纳什维尔国际机场最高风速达34米/秒，是该机场有史以来第三强阵风；肯塔基州最大阵风风力超过16级。此次过程中多个龙卷集中爆发，影响范围广，持续时间长，强度具有一定极端性，造成大量房屋毁损、数十万户家庭和部分企业断电，其中肯塔基州受灾最为严重，死亡超过70人。美国龙卷在冬季通常并不活跃，此次罕见强龙卷与大气环流系统异常以及拉尼娜事件的影响等诸多气象因素叠加效应有关。

5. 夏季北半球多地遭受高温“炙烤”

夏季，北美、南欧及北非多地出现极端高温天气。6月末至7月初，美国西雅图(纬度高于中国哈尔滨)最高气温创历史纪录，达到42.2 ℃。6月29日，位于加拿大西部的利顿镇最高气温达49.6 ℃，年内三破历史纪录。7月9日，美国加利福尼亚州死亡谷最高气温达到54.4 ℃，为20世纪30年代以来全球最高气温。7—8月，意大利西西里岛记录到48.8 ℃的高温，土耳其吉兹雷(49.1 ℃)、突尼斯凯鲁万(50.3 ℃)、西班牙蒙托罗(47.4 ℃)和马德里(42.7 ℃)最高气温纷纷破纪录。高温热浪加剧干旱和森林野火的发展，6月29日美国西南大部地区处于最高级别干旱状态，加利福尼亚州至少发生了3500起山火。环地中海地区的阿尔及利亚、土耳其南部和希腊也发生了森林大火。

6. 南美洲极端干旱波及全球农产品贸易

南美洲中东部拉普拉塔流域是南美洲第二大，世界第五大流域，流域内包含巴拉那河、巴拉圭河及乌拉圭河三大河流。该地区主要依靠降雨维持大规模农业生产、水力发电、货物运输等。9—10月，拉普拉塔流域极端干旱达到顶峰，这场极端干旱始于2019年；2021年10月，阿根廷的潘帕斯草原也饱受干旱困扰。巴拉那河因干旱水位严重下降甚至见底。受其影响，作为“世界粮仓”的巴西玉米产量下降近10%，大豆和咖啡等作物减产致价格持续上涨，波及全球多国农产品进口贸易。

7. 四级飓风“艾达”疾风暴雨影响重

8月29日，四级飓风“艾达”在美国路易斯安那州富尔雄港附近登陆，登陆时中心附近最大风速达67米/秒(相当于17级以上超强台风)。“艾达”登陆后一路北上影响美国多个州，9月1日纽约中央公园1小时降水量达78.7毫米，日降水量达181.1毫米，均创历史最高纪录；新泽西州纽瓦克日降水量高达213.6毫米，远超1959年56.4毫米的纪录。“艾达”致墨西哥湾附近几乎所有的石油生产设施关闭；美国路易斯安那州近百万户家庭和企业断电，新奥尔良市全城断电，造成至少80人死亡。

8. 印度5月连遭两气旋风暴重创

5月中下旬，阿拉伯海气旋风暴“陶克塔伊”和印度洋孟加拉湾气旋风暴“亚斯”相继登陆印度。“陶克塔伊”最大风力有14级(45米/秒，相当于强台风级)，“亚斯”最大风力有12级(33米/秒，相当于台风级)。“陶克塔伊”造成孟买圣克鲁斯气象站5月18日降水量达230毫米，是孟买5月的最大日降水量；印度西部城镇帕尔加尔的日降水量高达298毫米。两气旋风暴累积造成印度至少87人死亡、数百人失踪，百万人撤离家园，超30万所房屋被摧毁，大量基础设施停摆。

9. 春季蒙古国遭遇强沙尘暴和暴风雪

蒙古国 2021 年春季发生沙尘暴天气的频率和强度均超过往年。3 月中下旬，蒙古国遭遇强沙尘暴和暴风雪，27 日乌兰巴托市的风速为 13～15 米/秒，出现沙尘暴和雨夹雪。色楞格省南部和中央省有暴风雪，南戈壁省、中戈壁省、东戈壁省、肯特省、苏赫巴托尔省等地有强风和沙尘暴，多地风速达 18～20 米/秒，瞬时风速达 24 米/秒。大风导致多座蒙古包和房屋、栅栏被摧毁，部分输电线路损坏，中戈壁省、后杭爱省共 10 人死亡，数百人走失，中戈壁省约有 16 万头(只)牲畜死亡。

10. IPCC 第六次评估报告及《格拉斯哥气候公约》相继问世

8 月 9 日，联合国政府间气候变化专门委员会(IPCC)发布第六次评估报告第一工作组报告《气候变化 2021：自然科学基础》，报告指出人类活动是导致地球变暖的主因，同时全球气候系统经历着快速而广泛的变化，且部分变化已无法逆转，除非在未来几十年内大幅减少温室气体的排放，否则全球变暖必将超过 1.5 ℃。11 月 13 日，联合国第 26 届气候大会落幕，近 200 个国家或地区共同签署《格拉斯哥气候公约》，各缔约方通过了建立全球碳市场框架的规则，就 2030 年将全球的温室气体排放减少 45%达成共识，并承诺逐步减少煤炭使用，减少对化石燃料的补贴。《格拉斯哥气候公约》的签订意义重大，表明全球气候治理从关注目标和雄心转向重视行动和落实。

第二节　中国气候特征

2021 年，全国气候总体呈现湿暖特征。全国平均气温较常年偏高 1.0 ℃，为 1951 年以来历史最高，四季气温均偏高。全国平均降水量为 672.1 毫米，比常年偏多 6.7%，冬季降水偏少，春、夏、秋三季均偏多。华南前汛期、西南雨季均开始晚、结束早，雨量偏少；梅雨季入梅晚、出梅早，梅雨量偏少；华北雨季、东北雨季和华西秋雨开始早、结束晚，雨量偏多，其中华北雨季持续时间为 1961 年以来第二长，雨量为 1961 年以来第三多，华西秋雨雨量为 1961 年以来最多。

一、南方多地年平均气温创历史新高

1. 年平均气温为历史最高

2021 年，全国平均气温 10.53 ℃，较常年偏高 1.0 ℃，为 1951 年以来历史最高(图 1.2.1)；年内各月气温均偏高或接近常年同期，其中 2 月和 9 月气温均为历史同期最高。全国六大区域气温均较常年偏高，其中长江中下游、华南和西南均为 1961 年以来历史最高。从空间分布看，全国大部地区气温较常年偏高，其中华北中部和西北部、黄淮和江淮的大部、江南大部、华南中东部、西南地区西部及吉林东部、内蒙古东北部和中西部、甘肃北部、宁夏、西藏中东部、新疆东北部等地偏高 1～2 ℃(图 1.2.2)。2021 年，全国 31 个省(区、市)气温偏高，其中浙江、江苏、宁夏、江西、福建、湖南、安徽、河南、广东、湖北和广西 11 个省(区)均为 1961 年以来历史最高，山东、云南和上海为次高，山西和西藏为第三高(图 1.2.3)。

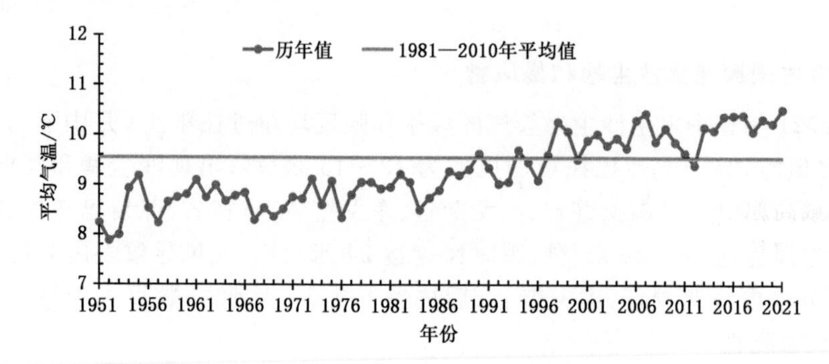

图 1.2.1　1951—2021 年中国平均气温历年变化

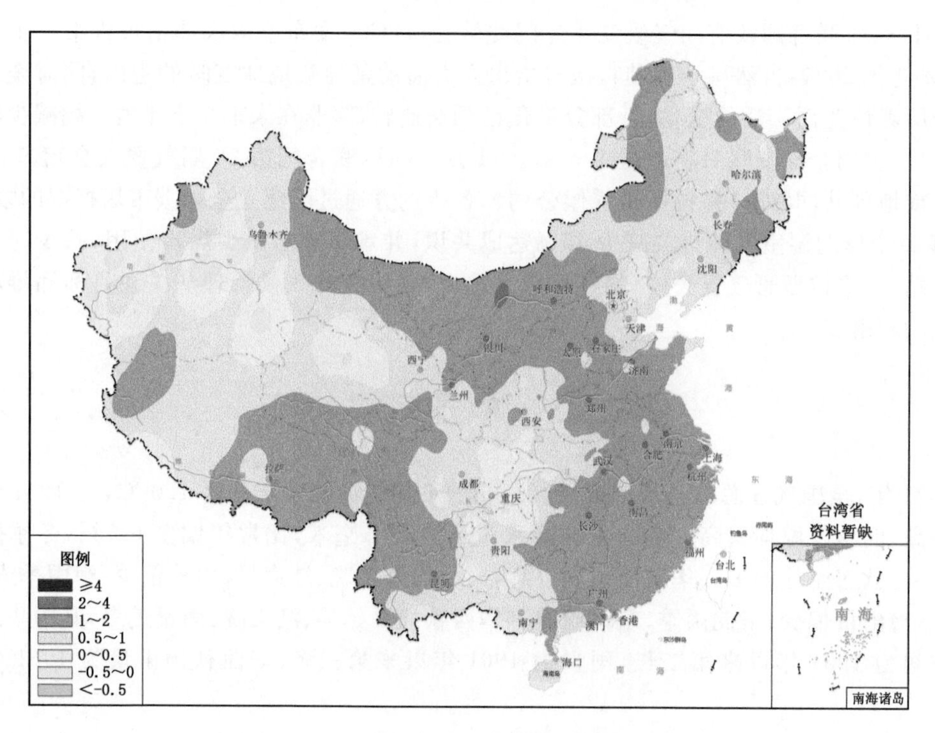

图 1.2.2　2021 年中国平均气温距平分布(单位:℃)

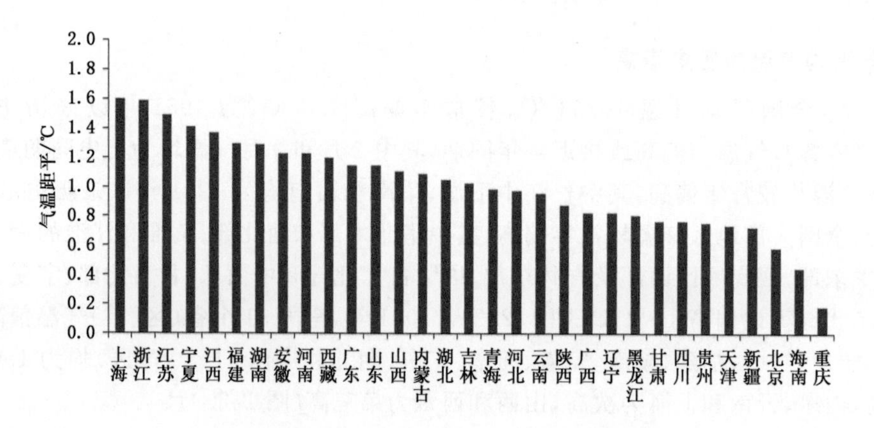

图 1.2.3　2021 年各省(区、市)平均气温距平

2. 四季气温均偏高

冬季(2020 年 12 月至 2021 年 2 月),全国平均气温－2.5 ℃,较常年同期偏高 0.8 ℃。除黑龙江中部和西北部、内蒙古中部和东北部、新疆北部的部分地区气温较常年同期偏低 1～2 ℃外,全国其余大部地区气温接近常年同期或偏高,其中华北中南部、黄淮、江淮、江汉、江南、华南中东部、青藏高原大部及新疆中南部等地偏高 1～2 ℃,河南北部局地、浙江中部、四川西南部局地、西藏大部等地偏高 2～4 ℃(图 1.2.4a)。

春季(3—5 月),全国平均气温 11.6 ℃,较常年同期偏高 1.1 ℃,为 1961 年以来历史同期第四高。全国大部地区气温以偏高为主,其中东北大部、华北北部和中部、江淮东南部、江南东部、华南中东部、西北地区北部及内蒙古、四川西南部、云南大部等地偏高 1～2 ℃,内蒙古东北部局地、华南东南部等地偏高 2～4 ℃(图 1.2.4b)。

夏季(6—8 月),全国平均气温 21.7 ℃,较常年同期偏高 0.8 ℃。全国大部地区气温接近常年同期或偏高,其中东北地区东北部、江南西南部、华南北部、西北地区东部和北部、青藏高原大部及云南北部等地偏高 1～2 ℃ (图 1.2.4c)。

秋季(9—11 月),全国平均气温 10.6 ℃,较常年同期偏高 0.7 ℃。除新疆中部和东南部等地气温较常年同期偏低 1～2 ℃外,全国其余大部地区气温接近常年同期或偏高,其中东北地区北部和东部、黄淮南部、江淮大部、江汉东部、江南、华南北部、青藏高原大部及内蒙古东北部等地偏高 1～2℃,黑龙江西北部和内蒙古东北部局地偏高 2～4 ℃(图 1.2.4d)。

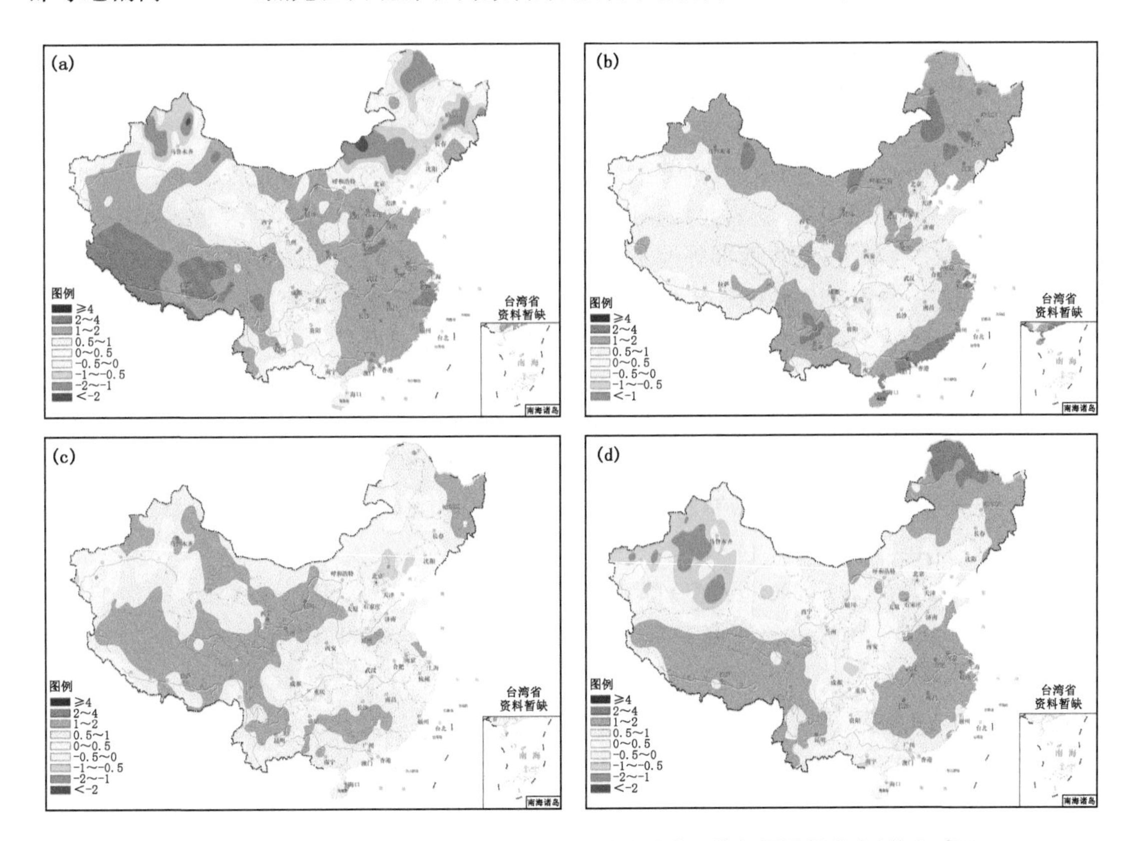

图 1.2.4 2021 年中国冬(a)、春(b)、夏(c)、秋(d)季平均气温距平分布(单位:℃)

二、年降水量偏多

1. 平均降水量较常年偏多

2021 年，全国平均降水量 672.1 毫米，较常年偏多 6.7%，为 1951 年以来第十二多(图 1.2.5)。北方地区平均年降水量 698.1 毫米，为历史次多。降水阶段性变化明显，2 月、5 月和 7—11 月降水量偏多，其中 10 月偏多 45.4%；1 月、3—4 月及 6 月、12 月降水量偏少，其中 1 月偏少 56.6%。

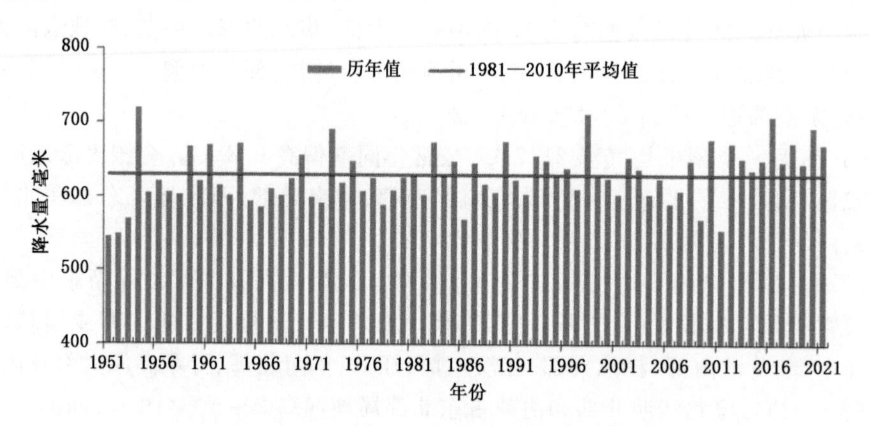

图 1.2.5　1951—2021 年中国平均降水量历年变化

2021 年，长江中下游及其以南大部地区、云南南部等地降水量普遍有 1200～2000 毫米，局地超过 2000 毫米；东北、华北大部、西北地区东南部、黄淮、江淮、江汉大部及内蒙古东部、青海南部、西藏东部、四川、云南大部、贵州大部等地有 400～1200 毫米；内蒙古中部、宁夏、甘肃中南部、青海中部、西藏中部、新疆北部和西部等地有 100～400 毫米；西藏西北部、新疆南部、青海西北部、甘肃西部、内蒙古西部等地不足 100 毫米(图 1.2.6)。安徽黄山(2878.3 毫米)和浙江宁海(2736.2 毫米)年降水量分别为全国最多和次多；新疆托克逊(5.5 毫米)和吐鲁番(8.7 毫米)为全国最少和次少。

与常年相比，东北西部、华北大部、黄淮、江淮北部、江汉西北部及内蒙古东部、陕西中南部、四川东北部、重庆北部、浙江东部、青海西南部、新疆西南部、西藏西部和中部局部等地偏多 2 成至 1 倍，河南北部、新疆西南部偏多 1～2 倍；甘肃西北部、内蒙古西部、云南西部和北部、广西东南部、广东大部、福建南部等地偏少 2～5 成；全国其余大部地区降水量接近常年(图 1.2.7)。

2021 年，全国有 23 个省(区、市)降水量较常年偏多，其中，天津偏多 83%、河北偏多 71%、北京偏多 70%、山西和陕西偏多 52%、河南偏多 51%，均为 1961 年以来最多；山东偏多 53%，为历史次多(图 1.2.8)；7 个省(区)降水量较常年偏少，其中，广东偏少 24%、广西和福建偏少 13%、云南偏少 12%；宁夏降水量接近常年。

2. 冬季降水偏少、春夏秋三季均偏多

冬季(2020 年 12 月至 2021 年 2 月)，全国平均降水量 31.0 毫米，较常年同期偏少 24%。长江中下游及其以南大部、西北西部、华北北部及西藏大部、四川西部、云南等地降水量较常年同期偏少 2～8 成，局地偏少 8 成以上；华北南部、黄淮大部、江汉西北部、西北东部和中部局地

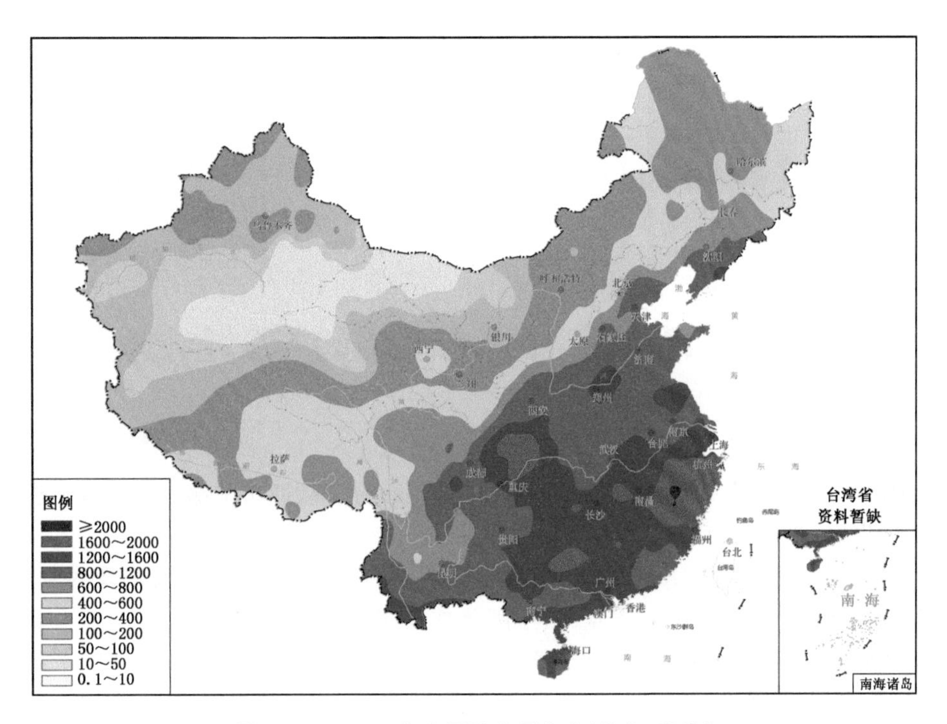

图 1.2.6 2021 年中国降水量分布(单位:毫米)

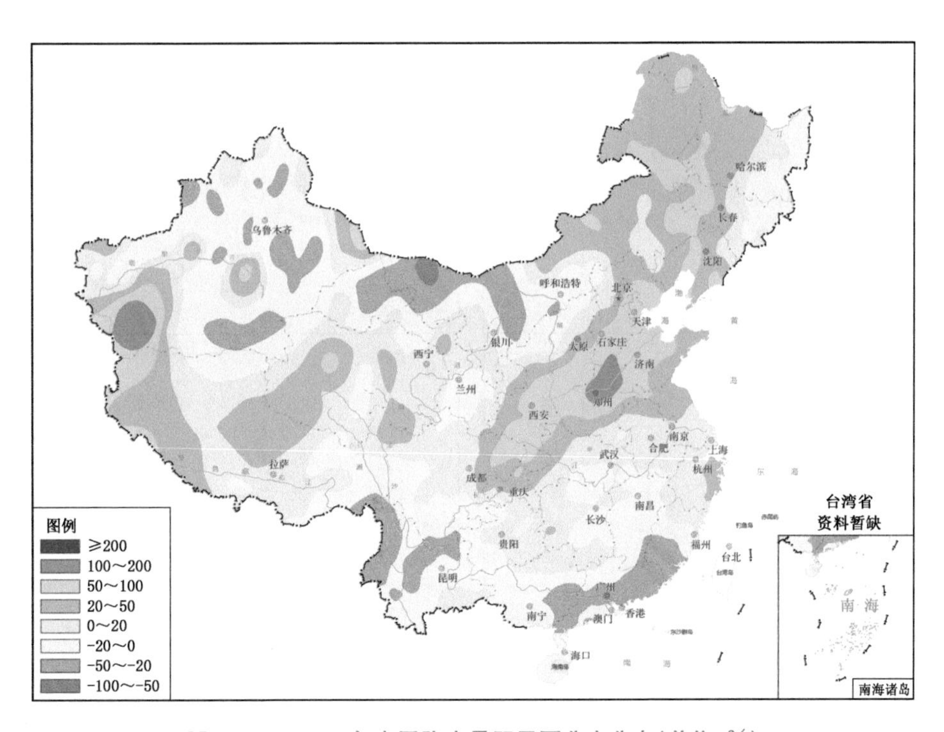

图 1.2.7 2021 年中国降水量距平百分率分布(单位:%)

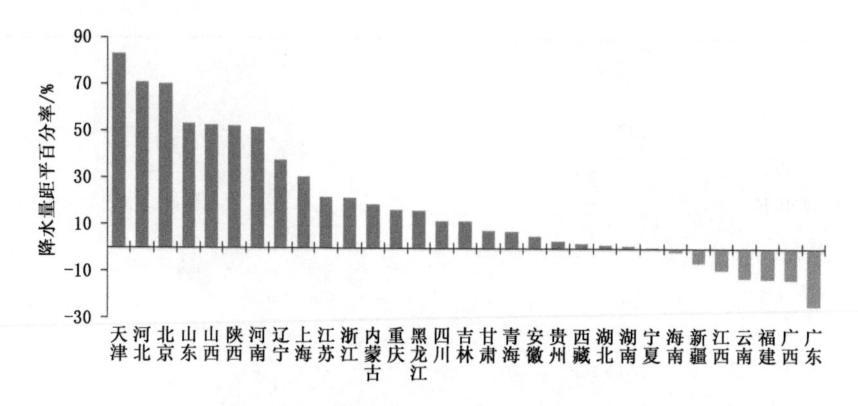

图 1.2.8　2021 年各省(区、市)降水量距平百分率

及黑龙江南部、吉林西部、内蒙古东部、新疆西南部、西藏南部、四川中部等地偏多 5 成至 2 倍，其中陕西西北部、西藏东南部局部偏多 2 倍以上(图 1.2.9a)。

春季，全国平均降水量 145.3 毫米，较常年同期偏多 1%。西北地区大部及内蒙古东北部和中西部、江南西部和东南部、江汉东部、华南北部及黑龙江东部和西北部、山东半岛、西藏大部等地降水量较常年同期偏多 2 成至 2 倍，局地偏多 2 倍以上；东北中南部、华北东部、黄淮中部、华南南部、西南地区中南部等地偏少 2～8 成，云南北部局地偏少 8 成以上(图 1.2.9b)。

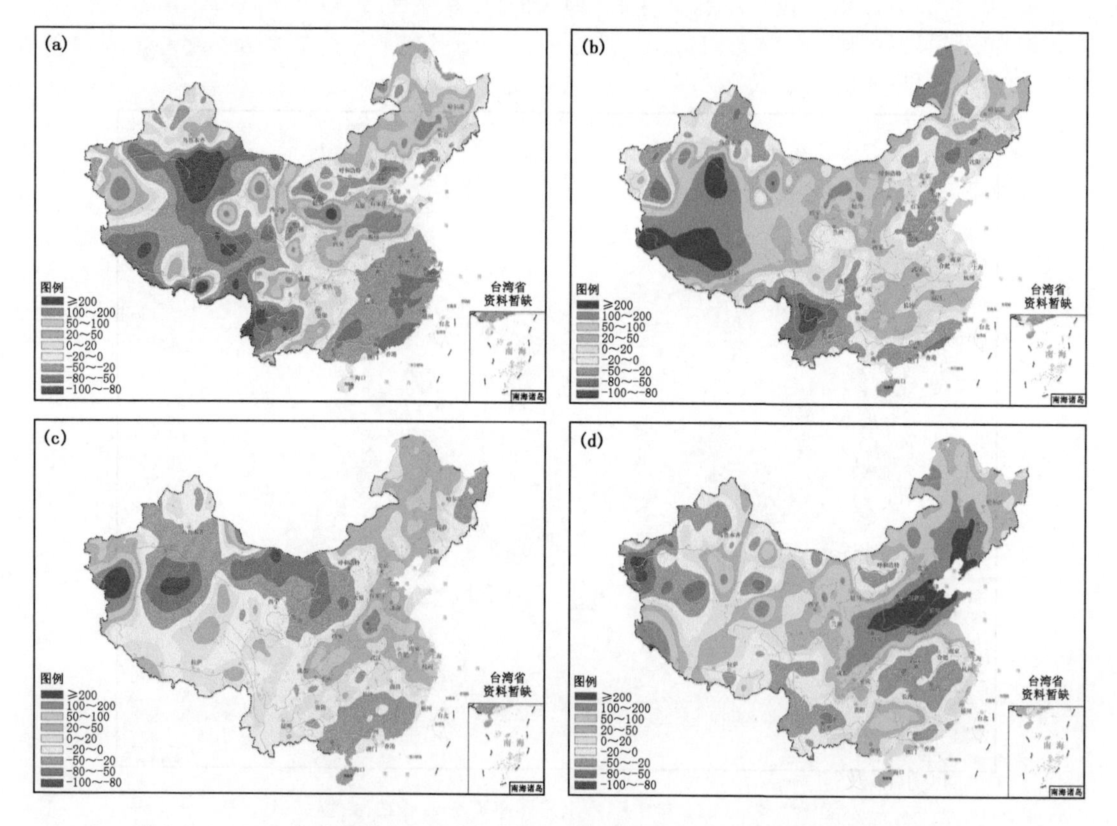

图 1.2.9　2021 年中国冬(a)、春(b)、夏(c)、秋(d)季降水量距平百分率分布(单位：%)

夏季，全国平均降水量334.1毫米，较常年同期偏多3%。主要多雨区出现在我国北方，河南、浙江降水量为1961年以来历史同期最多，北京为第三多。与常年同期相比，东北地区西部、华北东部、黄淮中西部、江淮大部、江汉西部、江南东部及四川东北部、重庆大部、陕西南部、新疆西部等地降水量偏多2成至2倍；华南大部、江南南部、西北地区中北部大部地区及内蒙古西部、山西西部、黑龙江东部等地偏少2～8成，局地偏少8成以上(图1.2.9c)。

秋季，全国平均降水量159.7毫米，较常年同期偏多33%，为1961年以来同期最多。与常年同期相比，降水总体呈现北多南少态势，除江南中北部、江汉中东部、西南中部及新疆西部等地降水偏少外，全国其余大部地区降水偏多或接近常年同期，其中东北大部、华北大部、西北地区东部、黄淮、江淮东部、江汉西北部及四川东部、重庆西部、广西北部、湖南南部、西藏西南部、内蒙古中东部大部等地降水量偏多5成至2倍，华北南部、黄淮北部及辽宁中南部偏多达2倍以上(图1.2.9d)。

3. 区域雨季特征

华南前汛期于4月26日开始，7月2日结束，雨季长度为67天，总雨量494.6毫米。与常年相比，开始偏晚20天，结束偏早4天，雨季长度偏短24天，雨量偏少31%。

西南雨季于6月4日开始，10月4日结束，雨季长度为122天，总雨量634.5毫米。与常年相比，开始偏晚9天，结束偏早10天，雨季长度偏短19天，雨量偏少15%。

梅雨季始于6月9日，7月11日出梅，雨季长度为32天，梅雨量267.2毫米；与常年相比，入梅时间偏晚1天，出梅时间偏早7天，雨季偏短8天，梅雨量偏少22%。江南入梅时间偏晚1天，出梅偏晚3天，雨量偏少15%；长江中下游入梅偏早4天，出梅偏早2天，雨量偏少8%；江淮入梅时间偏早8天，出梅时间偏早4天，梅雨量偏少14%。

华北雨季于7月12日开始，9月9日结束，雨季长度为59天，总雨量276.4毫米。与常年相比，开始偏早6天，结束偏晚22天，雨季长度偏长28天，为1961年以来第二长；雨量偏多103%，为1961年以来第三多。

东北雨季于6月5日开始，8月29日结束，雨季长度为85天，总雨量364.3毫米。与常年相比，开始偏早17天，结束偏晚4天，雨季长度偏长21天，雨量偏多23%。

华西秋雨于8月23日开始，11月8日结束，雨季长度为77天，总雨量379.9毫米。与常年相比，开始偏早8天，结束偏晚7天，雨季长度偏长15天，雨量偏多87%，为1961年以来最多。

三、年日照时数偏少

1. 大部地区日照时数偏少

2021年，我国东北、华北、黄淮东部、西南地区中西部、西北大部及内蒙古、新疆、西藏等地日照时数一般在2000小时以上，其中华北北部、西北地区东北部和中西部以及内蒙古大部、四川中部、云南中北部、新疆大部、西藏中西部等地超过2500小时；黄淮西部、江淮、江汉北部和东部、江南中东部、华南大部及陕西南部、甘肃南部、云南东南部等地有1500～2000小时，江南西部、西南地区东部及广西北部等地不足1500小时。与常年相比，除华南大部及黑龙江中部、山西西部局地、陕西东南部、四川西部、云南中部和西部、新疆北部、西藏东部和南部部分地区等地日照时数偏多100小时以上外，全国其余大部地区日照时数偏少或接近常年，其中东北地区大部、华北大部、黄淮东部、西北地区中东部部分地区及内蒙古中部和东部、湖北中部、新疆中部、西藏中部部分地区偏少 200～400 小时，内蒙古东部部分地区及辽宁北部局地、山东东部、青海中部局地、新疆中部局地偏少 400 小时以上（图 1.2.10）。

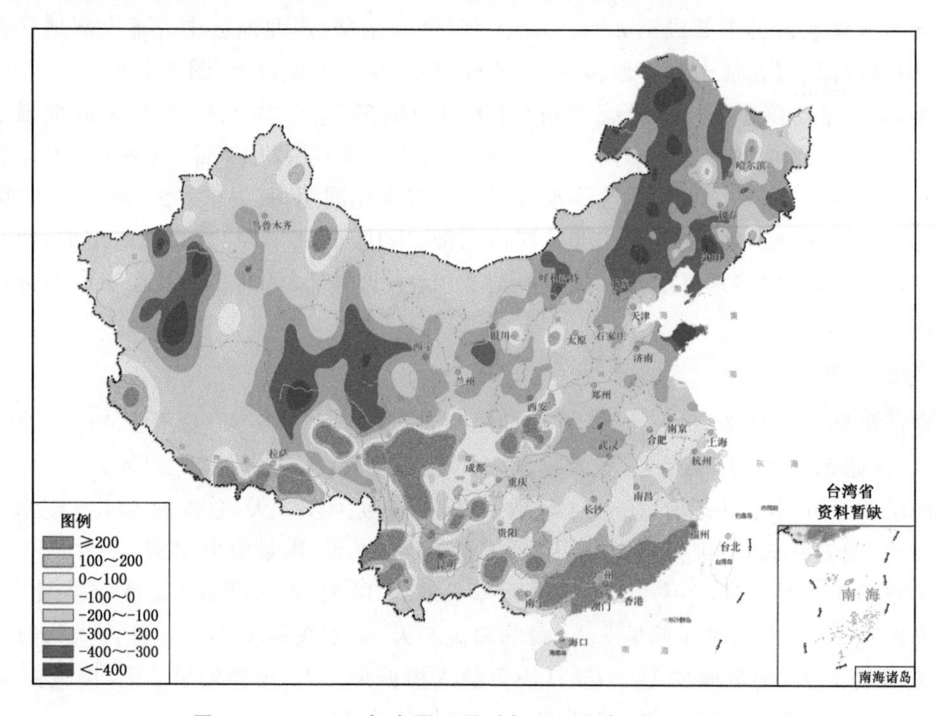

图 1.2.10 2021 年中国日照时数距平分布（单位：小时）

2. 冬季日照时数偏多，春夏秋季偏少

冬季（2020 年 12 月至 2021 年 2 月），除西南地区东南部及新疆中西部局地日照时数较常年同期偏少 75 小时以上外，全国其余大部地区日照时数偏多或接近常年同期，其中东北大部、华北大部、黄淮大部、江淮大部、江南中南部、华南大部及内蒙古中部部分地区、四川大部、重庆大部、云南西部、新疆东北部、西藏大部等地偏多 50 小时以上。

春季，华北大部、西北地区大部、黄淮大部、江淮大部、江汉地区、江南大部及辽宁中部、内蒙古中部和东部、新疆中部和西部、西藏中部和东部等地日照时数较常年同期偏少 75 小时以上；华南南部及黑龙江中部、陕西南部、四川大部、云南大部、海南、新疆北部部分地区、西藏南部和东部部分地区日照时数偏多 50 小时以上。

夏季，东北大部、华北中部和北部、西北地区中部、黄淮大部、江淮、江汉、江南北部及内蒙古东部、陕西中部和南部部分地区、重庆大部、新疆中部和南部、西藏中部和东部部分地区日照时数较常年同期偏少 75 小时以上；黑龙江中部、天津南部、山西中部、宁夏中部、陕西南部、广西北部、贵州南部、四川中部、云南中部和西部、新疆北部部分地区、西藏西部和南部局地日照时数偏多 50 小时以上。

秋季，陕西南部部分地区、江南大部、华南中南部及贵州中部和南部、广西北部、四川中部、云南中部和西部、新疆北部、西藏南部局地日照时数较常年同期偏多 50 小时以上；我国其余大部地区日照时数偏少或接近常年同期，其中东北南部、华北东北部及黑龙江南部、吉林中部部分地区、山东东部、山西西部、新疆西部局地日照时数偏少100小时以上。

四、2021年中国十大天气气候事件

1. 北方降水偏多，居历史第二

2021年我国北方平均降水量达698.1毫米，较常年偏多40.2%，为历史第二多，仅次于1964年。京津冀晋豫陕6省(市)降水量均达1961年以来历史最多。夏秋季降水多导致北方多地出现严重汛情。6月中旬内蒙古东北部和黑龙江西部连续降雨致水位上涨迅速，嫩江形成2021年1号洪水；华北雨季开始早、结束晚，雨量偏多1倍。7月15—18日，北方强降水致多地河道水位持续上涨，海河流域北易水河洪峰流量达536米^3/秒，为1963年以来最大洪水。8月下旬，北京密云水库蓄水量突破了1994年以来最高纪录。秋季，黄河出现严重汛情，9月下旬至10月上旬出现3个编号洪水，支流渭河发生1935年有实测资料以来同期最大洪水，伊洛河、沁河发生1950年有实测资料以来同期最大洪水。10月2—7日，山西出现了有气象记录以来最强秋汛，37条河流发生洪水，公路、铁路运行受到影响，山西平遥古城墙局部坍塌。10月6—7日，陕西受持续降雨影响，有21条河流31站出现洪峰37次，其中有11条河流13站出现超警戒洪峰16次；西安全运会创下历次全运会降雨日数最多、累积雨量最大纪录。

2. "21·7"河南特大暴雨创大陆小时气象观测纪录

2021年7月17—24日，河南多地出现破纪录极端强降水事件，具有过程累积雨量大、强降水范围广、降水极端性强、短时强降水时段集中且持续时间长的特征。河南有39个县(市)累积降水量达年降水量的一半，其中郑州、辉县、淇县等10个县(市)超过常年的年降水量。累积降水量超过250毫米的覆盖面积占河南全省面积的32.8%。1小时最大雨量(郑州，201.9毫米)超过"75·8"暴雨(河南林庄，198.5毫米)，创下中国大陆小时气象观测降雨量新纪录；郑州等19个县(市)日降水量突破历史极值；32个县(市)连续3日降水量突破历史极值。暴雨导致郑州、鹤壁、新乡、安阳等城市发生严重内涝，城市运行大面积中断，造成重大人员伤亡和巨大经济损失，给农业生产带来不利影响；8座大型水库及39座中型水库超汛限水位，郑州市常庄水库、郭家咀水库及贾鲁河、伊河等多处工程出现险情。

3. 华南阶段性气象干旱造成严重影响

2021年华南地区降水量偏少16.9%，为2004年以来最少，阶段性气象干旱特点突出。1月至2月上旬，华南出现中度以上气象干旱，2月中旬至3月中旬，伴随华南地区大范围降水天气过程，气象干旱基本解除；3月下旬开始，中等强度以上气象干旱再次出现并持续至10月初，10月上半月受台风"狮子山"和"圆规"的影响，华南出现暴雨到大暴雨降水，气象干旱缓解。11月至12月上旬末，华南大部地区降水偏少，地区气象干旱又有所露头；12月下旬初台风"雷伊"给华南中东部带来降水，气象干旱缓和。气象干旱的频繁发生致使华南土壤墒情差，江河水位下降，山塘水库干涸，对农业生产、森林防火、生活生产等产生了不利影响，珠江口出现咸潮，影响对香港供水和电网安全等。

此外，云南1—5月温高雨少，大部地区也出现持续的气象干旱。台湾遭遇了近56年来最严重旱情，由于2020年秋季至2021年3月，降水持续偏少，4月上中旬21座主要水库中有5座出水量下降到10%以下，台中德基水库蓄水量已跌破5%，多地因缺水采取"供5停2"的措施，农作物灌溉和工业用水、民众生活等受到严重影响。

4. 台风"烟花"长时间陆上滞留破纪录

2021年在西北太平洋和中国南海共生成22个台风，其中有5个登陆我国，生成和登陆台风数均较常年偏少。第6号台风"烟花"于7月25日和26日两次登陆浙江，为1949年有气象记录以来首个在浙江省内两次登陆的台风。"烟花"移动速度慢，在我国陆上滞留时间长达95小时，为1949年以来最长；累积雨量大，单站最大累积雨量超1000毫米；影响范围广，先后影响浙江、上海、江苏、安徽、山东、河南、河北、天津、北京、辽宁10省(市)，50毫米及以上累积雨量覆盖面积达35.2万千米^2；综合强度强，风雨综合强度指数位列1961年以来第十三高，但灾害损失较轻。

5. 12月超强台风影响中国南海，历史罕见

2021年第22号台风"雷伊"于12月13日在西太平洋生成，16日加强为超强台风，是历史上直接袭击我国南沙群岛的最强台风，也是影响中国南海最晚的超强台风，具有强度强、北上路径少见、大风影响范围广、风速大、致灾重等特点。"雷伊"在影响我国之前，以超强台风姿态横扫菲律宾，造成至少375人死亡、50余人失踪。进入中国南海后，大部海域出现大风天气，南沙群岛、中沙群岛、海南岛东部沿海及近海出现8～10级阵风，部分岛礁阵风超过12级，渚碧礁最大阵风达13级(41.4米/秒)，还给华南中东部带来大到暴雨天气，有效缓和了旱情。

6. 1月中东部，2月北方出现极端冷暖转换

1月6—8日中东部受寒潮天气影响，大部地区出现6～12℃的降温，局地超过12℃；内蒙古中东部、东北地区南部、华北大部、黄淮、江淮等地部分地区出现6～8级阵风，局地9～10级；辽宁大连、山东半岛等地出现中到大雪，局地暴雪；北京、河北、山东、山西等省(市)50余县(市)最低气温突破或达到建站以来历史极值。北京大部地区最低气温在－24～－18℃，南郊观象台最低气温达－19.6℃，为1951年以来第三低。2月全国平均气温较常年同期偏高2.9℃，为1961年以来历史同期最高，有787个县(市)日最高气温突破有气象记录以来冬季历史极值。2月18—21日，我国大部地区气温回升，华北、黄淮、江淮等地增温迅猛。21日，北京南部、河北中南部、陕西关中、山东北部和西部、河南及以南大部地区日最高气温升至25～29℃，河南西峡达30℃；北京最高气温达25.6℃、石家庄27.3℃、郑州28.3℃、济南25.6℃。极端暖事件给北京冬奥会测试赛带来了较大挑战。

7. 入秋后频繁遭遇强寒潮天气

入秋后冷空气活动频繁，我国共发生11次冷空气过程，其中6次达寒潮天气标准。11月4—9日为一次全国型寒潮天气，具有降温幅度大、雨雪范围广、极端性强、影响大等特点，其综合强度指数位居历史第四。全国有429个县(市)达到或超过极端日降温阈值，其中116个县(市)达到或超过历史极值。寒潮给我国大部地区的农业、交通、电力等造成较大影响；低温雨雪冰冻天气致使内蒙古、辽宁、吉林、甘肃、山西、河北、宁夏、湖北及湖南9省(区)56个县(市、区)秋收秋种、设施农业、在田作物、渔业等受到不利影响；北京、天津、河北、山西、辽宁、吉林、黑龙江、山东、陕西9省(市)至少184个路段公路封闭；北京首都机场和大兴机场分别有31个航班取消和25个航班延误；京津城际、京沪高铁、津秦高铁、津保客专部分列车晚点或停运；沈阳、长春、天津、济南等多地的中小学停课；黑龙江约84万户停电，河南平顶山、三门峡、洛阳、郑州等地出现短时输电线路故障。12月23—26日，我国中东部又经历一次寒潮天气，贵州和湖南部分地区出现大到暴雪，积雪深度达10～20厘米，贵州南部、湖南南部、广西东北部等局地出现冻雨。

8. 龙卷多发，强对流天气致灾严重

2021 年，我国共发生 47 次区域性强对流天气过程，首发时间（3 月 30—31 日）较常年偏晚 15 天，末次（10 月 2—4 日）较常年偏晚 16 天；出现龙卷天气至少有 39 次，其中中等强度以上达 16 次，均多于常年，且北方地区偏多、华南地区偏弱。

4 月 30 日，江苏沿江及其以北大部地区遭受大风、冰雹等强对流天气袭击，南通沿海最大风速达 47.9 米/秒。5 月 14 日，江苏苏州与浙江嘉兴交界附近、湖北武汉市蔡甸区在 2 小时内先后出现强龙卷天气，最大风力都超过 17 级，并造成重大人员伤亡；6 月 1 日傍晚黑龙江省尚志市和阿城区出现龙卷（最大风力分别超过 17 级和 15 级），6 月 25 日下午内蒙古锡林郭勒盟太仆寺旗出现强龙卷。7 月 10—14 日，京津冀鲁豫的部分地区出现小时雨量 50～80 毫米、局地超过 120 毫米的强降水，并伴有局地 10～11 级的雷暴大风。7 月 20 日河南开封通许出现龙卷，21 日河北保定清苑区部分地区出现极端风雹天气，东闾乡遭受龙卷。10 月 2—4 日，辽宁出现历史同期罕见的强风雹及大暴雨天气，大连、鞍山、本溪、丹东、营口、铁岭、葫芦岛地区局部出现冰雹。

9. 3 月遭遇 10 年来最强沙尘天气

2021 年我国的沙尘天气具有发生时间早、强度强、影响范围广等特点。首发时间（1 月 10 日）较 2000—2020 年平均值偏早 38 天，为 2002 年以来最早；强沙尘暴过程次数（2 次）为 2000 年以来最多，且均出现在 3 月。3 月 13—18 日强沙尘暴过程为近 10 年来最强，北方多地 PM_{10} 峰值浓度超过 5000 微克/米^3，北京 PM_{10} 最大浓度超过 7000 微克/米^3，最低能见度 500～800 米；西北地区、华北、东北地区及内蒙古等地出现 6～8 级阵风，部分地区 9～10 级，内蒙古中东部、新疆北部局地达 11～12 级；沙尘天气波及 17 个省（区、市），影响面积超过 380 万千米^2，沙尘暴面积超过 100 万千米^2。3 月 27—29 日的强沙尘暴过程中，内蒙古、华北及辽宁、山东等地 PM_{10} 最大浓度超过 2000 微克/米^3；北京 PM_{10} 最大浓度超过 3000 微克/米^3。内蒙古、华北东部等地出现 6～8 级阵风，部分地区 9～10 级，内蒙古中部局地达 11 级，沙尘天气影响面积超过 270 万千米^2，沙尘暴面积 26 万千米^2。沙尘天气对我国交通运输、群众生活生产等造成较大影响。

10. 风云气象卫星家族新增两名成员

2021 年 6 月 3 日和 7 月 5 日，我国成功发射两颗风云气象卫星。风云四号 B 星（FY-4B）作为新一代风云静止轨道业务星的首发星，全面加强光谱覆盖能力和空间分辨率，新增的快速成像仪在世界上首次实现了高轨一分钟间隔持续观测，最高空间分辨率达到 250 米，为建党百年庆典和十四届全运会等重大活动、“21・7”河南特大暴雨监测等提供了气象服务保障。

风云三号黎明星（FY-3E）作为全球首颗民用晨昏轨道气象卫星，发展和完善了我国气象卫星观测业务体系，使我国成为国际上首个拥有晨昏、上午、下午三星组网观测能力的国家，填补了国际晨昏轨道气象卫星技术空白，增强了“看海洋”“看太阳”能力。多种卫星大气掩护星探测仪资料已在中国气象局全球同化预报系统中业务应用，全球洋面风产品在汛期台风监测中发挥了作用。2021 年是太阳进入第 25 活动周的第一年，太阳活动进入相对活跃阶段，我国首次实现了从太阳爆发到地球空间环境响应“全过程”的自主监测，不仅及时“捕捉”到了耀斑的爆发，而且还探测到了地球空间环境中粒子、磁场、极光、大气密度等多种关键要素的暴时变化，为我国空间探测、载人航天以及卫星在轨、星地通信等重要活动提供空间天气预警预报服务。

第三节　中国气候异常成因简析

一、2020/2021 年冬季气温异常成因简析

2020/2021 年冬季，我国气候“前冬冷干、后冬暖湿”特征明显，偏冷期和偏暖期气温起伏大，冷暖极端性明显。分析发现，东亚冬季风季节内明显的强弱转换是导致我国冬季气候由冷干转为暖湿的直接原因。前冬，北极涛动（AO）呈负位相，极地冷气团偏在东半球，乌拉尔山阻塞高压异常偏强，欧亚中高纬以经向环流为主，中国南海至菲律宾对流层低层受异常气旋控制，环流形势有利于极地冷空气沿乌拉尔山阻塞高压脊前气流直接南下影响我国。同时，西太平洋副热带高压（简称西太副高）异常偏强，西伸脊点偏西，但副高主体位于菲律宾以东，其西北部外围的南风异常将水汽吹向日本南侧及其以东洋面，而我国大陆及东侧海面盛行北风异常，水汽条件偏差，由此导致前冬我国大部地区气候干冷。而后冬，受平流层 1 月初的爆发性增温影响，北极涛动（AO）持续负位相，但北极冷气团主体偏到西半球，欧亚中高纬转为纬向环流，前冬影响我国的环流系统异常发生逆转，从而导致后冬我国主要呈暖湿型气候。

环流上述的异常变化与海温异常和平流层爆发性增温有关。2020 年 8 月发生了一次中等强度的拉尼娜事件并一直持续到 2021 年 3 月。冷海温异常激发热带西北太平洋气旋异常，进而有利于东亚冬季风的发展和南下。2020 年秋季，北极海冰偏少达历史第二，配合前期夏季北极地区大气环流典型的北极涛动（AO）负位相，导致冬季前期西伯利亚高压异常偏强。因此，拉尼娜配合北大西洋中纬度暖海温和北极海冰偏少，是导致前冬欧亚中高纬经向环流偏强、乌拉尔山阻塞高压发展以及西伯利亚高压和东亚冬季风偏强的重要原因。在北半球冬季，对流层和平流层大气的动力耦合十分密切。后冬，北极平流层发生爆发性增温事件，造成北极涛动持续负位相，极涡主体偏向西半球，但同时乌拉尔山阻塞高压崩溃，东亚冬季风转弱，我国大范围回暖增温。

二、春季降水异常成因简析

2021 年春季，全国降水呈现显著的季节内阶段性变化特征，这与春季显著的季内环流阶段性变化有关。3—4 月亚洲中纬度环流异常空间型为“东高西低”型，副高较常年偏弱偏东，东亚地区自南向北呈现“负—正—负”的分布，有利于来自西北太平洋的水汽向我国长江以北地区输送，与来自北方的中西路冷空气活动配合，使得北方大部降水偏多。5 月环流形势出现明显调整，亚洲中纬度环流转变为“东低西高”型，副高明显增强西伸且北扩，东亚地区自南向北转变为“正—负—正”的分布，有利于引导中国南海和西太平洋的暖湿气流到达江淮和江南地区。低层西南暖湿气流增强，在江淮和江南大部地区强烈辐合，上升运动发展，促使其不稳定能量释放，为该区域强降水和强对流天气的频繁发生提供了有利的气象条件。另外，4 月中旬开始，中高纬阻塞活动开始逐渐频繁，有利于冷空气南下影响我国，其中 4 月出现 4 次冷空气过程，较常年偏多，这也是我国中部大部地区气温阶段性偏低的直接原因。冷空气活动也是强降水和强对流天气发生的重要因素之一，当冷空气南下正好与低层反复加强的西南暖湿水

汽交汇时，则造成南方强降水的频繁发生。

春季大气环流的调整明显受到热带海温异常变化的影响。赤道中东太平洋的拉尼娜事件于2021年4月结束。3—4月的东亚低纬度大气环流形势表现出对拉尼娜事件的响应。而随着5月热带印度洋的快速增暖，大气环流也出现明显调整，包括副高的增强西伸及东亚的“正—负—正”的经向分布，从而导致春季季内的降水异常分布也发生了明显变化。春季中高纬度环流的调整出现在4月中旬，欧亚阻塞形势建立并逐渐活跃，这可能与极区的整体增暖和极区中低层位势高度距平场出现调整有关。

三、夏季降水异常成因简析

2021年夏季，我国东部地区降水以北方偏多为主，多雨带呈经向型分布。此外，降水的季节内变化显著，华南前汛期开始偏晚、江淮流域梅雨和华北雨季开始偏早。分析发现，6月，东部降水总体呈现“北多南少”分布，东北地区和华北地区北部降水偏多主要受到东北冷涡活动频繁的影响，而东北冷涡的异常活跃可能与春季以来北大西洋三极子维持正位相有关。7月，东部降水仍呈“北多南少”分布，长江下游至内蒙古东部的经向型多雨带及河南特大暴雨，主要受到台风烟花长时间活动，以及偏强的大陆高压、偏东偏北的副高和异常偏强的东亚夏季风的共同作用，而副热带大气对拉尼娜衰减的滞后响应可能是副高偏东偏北、东亚夏季风异常偏强的原因之一。8月，我国东部降水异常分布发生明显转变，降水偏多区域主要在长江流域，副高异常偏强、偏南，西北太平洋对流层低层由6—7月的气旋性环流反转为异常反气旋性环流，水汽输送异常辐合区位于长江流域，形成长时间的“倒黄梅”天气，导致降水异常偏多。8月热带低频振荡（MJO）长时间活跃于印度洋区域，且强度偏强，可能导致副热带大气环流发生转折，副高异常偏强西伸。

四、秋季气候异常成因简析

2021年秋季，我国降水总体表现出“北多南少”的空间分布特征，华西秋雨异常偏强。大气环流和水汽输送异常是造成2021年我国秋季前期（9月至10月上旬）北方地区降水异常偏多的直接原因。在对流层中上层，欧亚中高纬总体呈现“两脊一槽”的环流特征，中纬度在贝加尔湖至巴尔喀什湖地区存在显著的低槽区，低纬度地区副高偏强偏西、脊线位置在秋季前期异常偏北，有利于西北太平洋上的水汽向北方地区输送；低层风场上，日本海以西存在的异常反气旋环流引导来自东北亚及日本海上的冷湿气流向我国黄淮以北地区输送，并与来自孟加拉湾和中国南海北上的西南气流在长江以北地区会合，使得北方成为水汽通量异常辐合区，从而造成我国北方地区降水异常偏多。另外，MJO在秋季前期位于第3～5位相也有利于北方地区降水的偏多。海温方面，2021年春季上一次拉尼娜事件结束之后，秋季赤道中东太平洋冷水再次加强发展并进入拉尼娜状态，使得2021年秋季处于双峰型拉尼娜次年。双峰型拉尼娜事件次年的赤道中东太平洋冷水效应有利于副高位置偏北、巴尔喀什湖附近低槽活跃，从而有利于更多的水汽在我国北方地区辐合，导致我国降水出现“北多南少”的分布特征。

第四节　气候系统特征

一、季风活动

1. 冬季风总体偏弱

2020/2021 年冬季，东亚冬季风总体偏弱，强度指数为－0.53（图 1.4.1）。冬季西伯利亚高压指数为－0.05，强度接近常年（图 1.4.2）。东亚冬季风前冬偏强、后冬偏弱的特征显著。2020 年 12 月至 2021 年 1 月上旬，东亚冬季风和西伯利亚高压强度均明显偏强；2021 年 1 月中旬开始转弱，并持续到 2 月底。此外，乌拉尔山阻塞高压和东亚槽活动也呈现前冬偏强、后冬偏弱的特征。

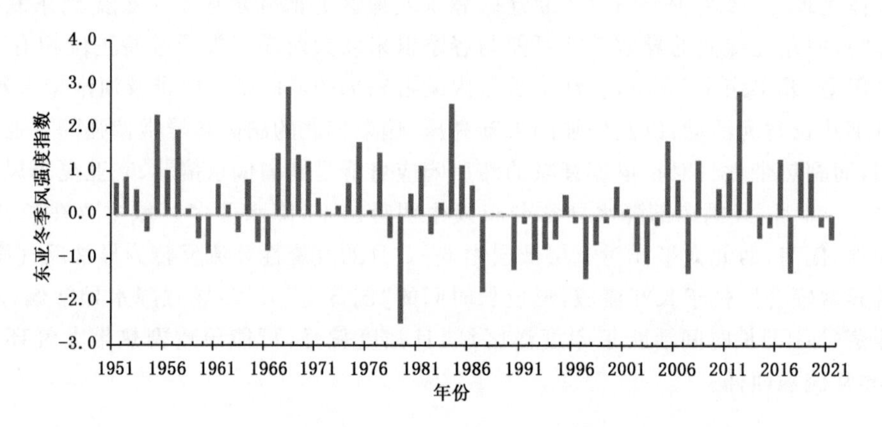

图 1.4.1　东亚冬季风强度指数历年变化（1950/1951 年冬季至 2020/2021 年冬季）

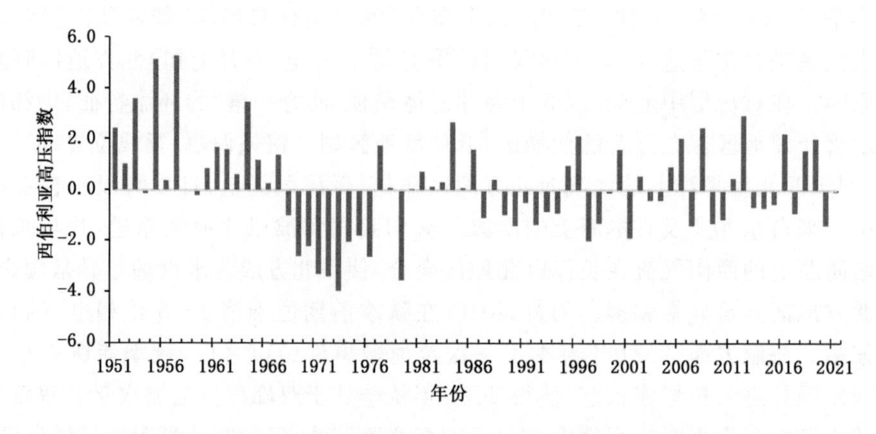

图 1.4.2　西伯利亚高压指数历年变化（1950/1951 年冬季至 2020/2021 年冬季）

2. 南海夏季风偏弱，东亚夏季风偏强

2021 年南海夏季风于 5 月第 6 候爆发，较常年（5 月第 5 候）偏晚 1 候；于 9 月第 4 候结束，较常年（9 月第 6 候）偏早 2 候。2021 年南海夏季风强度指数为－0.81，强度偏弱。南海夏季风强度指数逐候演变显示，自 5 月第 6 候南海夏季风爆发后，6 月第 1 候至 8 月第 2 候强度

总体偏强，8 月第 3 候至 9 月第 4 候强度总体偏弱(图 1.4.3)。2021 年东亚副热带夏季风强度指数为 0.33，较常年偏强(图 1.4.4)。

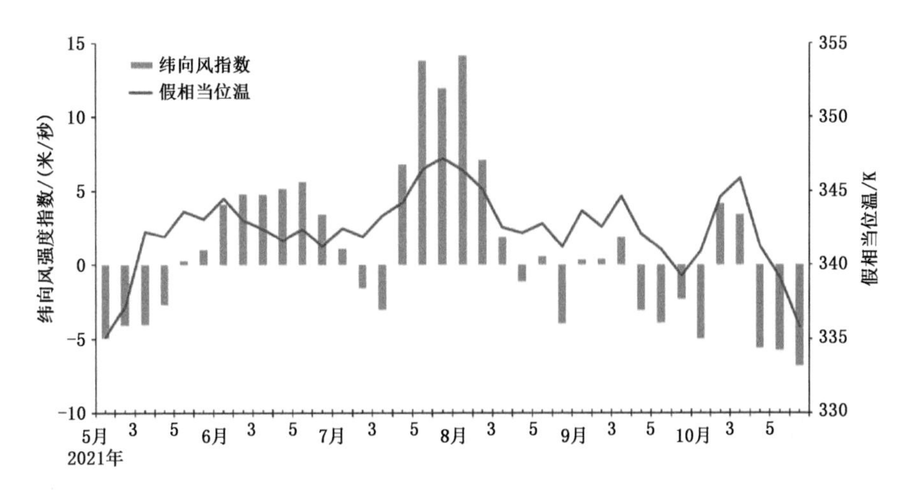

图 1.4.3 2021 年 5—10 月南海季风监测区逐候 850 hPa 纬向风强度指数和假相当位温

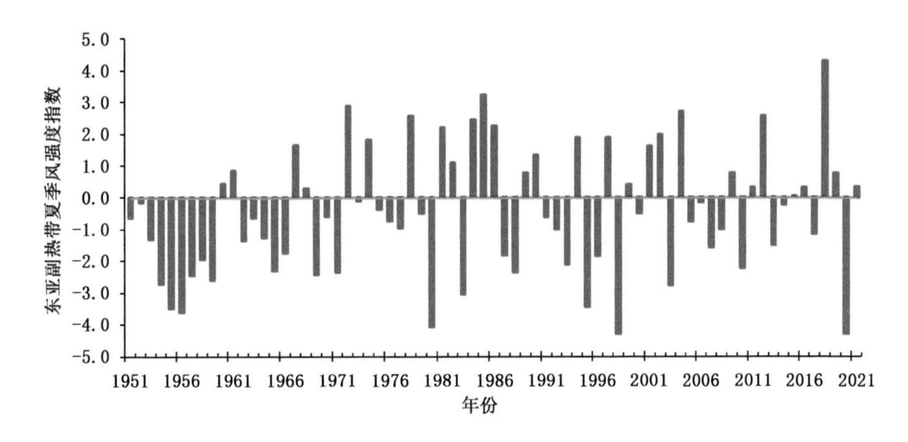

图 1.4.4 1951—2021 年东亚副热带夏季风强度指数历年变化

5 月，中国东部多雨带主要位于华南北部至长江中下游。6 月中旬，随着南海夏季风爆发雨带推进至中国江淮流域，江南地区、长江中下游地区和江淮地区分别于 6 月 9 日、10 日和 13 日陆续入梅，中国进入梅雨季节。随着东亚夏季风系统的进一步北推，副高脊线北抬至 25°N 以北，江南地区、长江中下游地区和江淮地区于 7 月 11 日出梅。7 月 12 日，华北雨季开始。8 月副高脊线南落且长时间维持，导致长江流域发生持续的“倒黄梅”天气。8 月下旬至 10 月上旬，随着副高脊线的再次北抬和稳定维持，雨带长时间滞留在黄淮和华北地区，导致北方发生严重秋汛(图 1.4.5)。

9 月第 1 候至 10 月第 4 候，中国南海地区大气持续维持高温高湿状态。10 月第 5 候开始，南海地区上空大气假相当位温下降到 340 K 以下(图 1.4.3)，中国南海地区大气热力性质发生改变，夏季风完全撤离该地区。

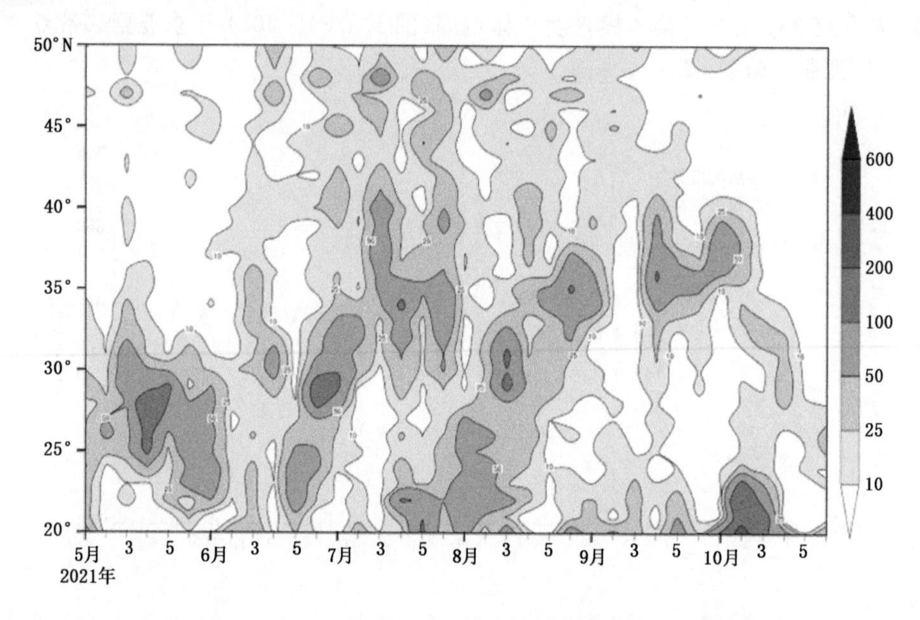

图 1.4.5 2021 年 5—10 月 110°—120°E 平均候降水量纬度—时间剖面(单位:毫米)

二、热带海洋和热带对流

根据国家气候中心监测,2020 年 8 月,赤道中东太平洋进入拉尼娜状态,11 月达到拉尼娜事件标准,正式形成一次中等强度的东部型拉尼娜事件。2020 年 8—12 月,Niño3.4 指数滑动平均值(3 个月滑动平均,8 月的滑动平均值为 7—9 月平均,以此类推,下同)分别为−0.64 ℃、−0.99 ℃、−1.22 ℃、−1.25 ℃和−1.14 ℃。2021 年 1—5 月 Niño3.4 指数分别为−1.06 ℃、−0.94 ℃、−0.54 ℃、−0.44 ℃和−0.25 ℃,5 月较 4 月上升 0.19 ℃,3—5 月指数滑动平均值为−0.41 ℃。至此,2020 年 8 月开始的拉尼娜事件结束。此后,中东太平洋海温距平上升(图 1.4.6)。2021 年 7 月,赤道东太平洋海温正距平中心值超过 0.5 ℃,Niño3.4 区海温指数为 0 ℃(图 1.4.7);8 月,赤道中东太平洋海温距平再次下降;10 月,Niño3.4 指数下降至−0.80 ℃,指数滑动平均值为−0.52 ℃,表明赤道中东太平洋于 10 月进入拉尼娜状态。11—12 月,赤道东太平洋海温负距平中心值超过−1.0 ℃,Niño3.4 指数分别为−0.75 ℃和−0.97 ℃,赤道中东太平洋拉尼娜状态持续。

2021 年 1—3 月,南方涛动指数(SOI)为正异常,4—5 月接近正常,6 月之后维持稳定的正异常(图 1.4.7),热带大气表现出对赤道中东太平洋冷海温异常的响应。

2021 年 1—4 月,强对流活动(通常用射出长波辐射通量距平来表征)中心位于赤道西太平洋;5 月,对流活跃中心东传至日界线附近赤道中太平洋;6 月之后,对流异常活跃中心基本上维持在赤道西太平洋上;1—11 月中东太平洋对流总体受到抑制(图 1.4.8)。赤道太平洋对流活动的异常分布及演变特征整体与海表温度的发展演变相对应。

三、西太副高

2021 年夏季,西太副高较常年同期显著偏强、面积偏大,西伸脊点位置偏西;强度指数为 1961 年以来历史同期第四强,仅次于 2010 年、2017 年和 2020 年(图 1.4.9)。逐日监测结果

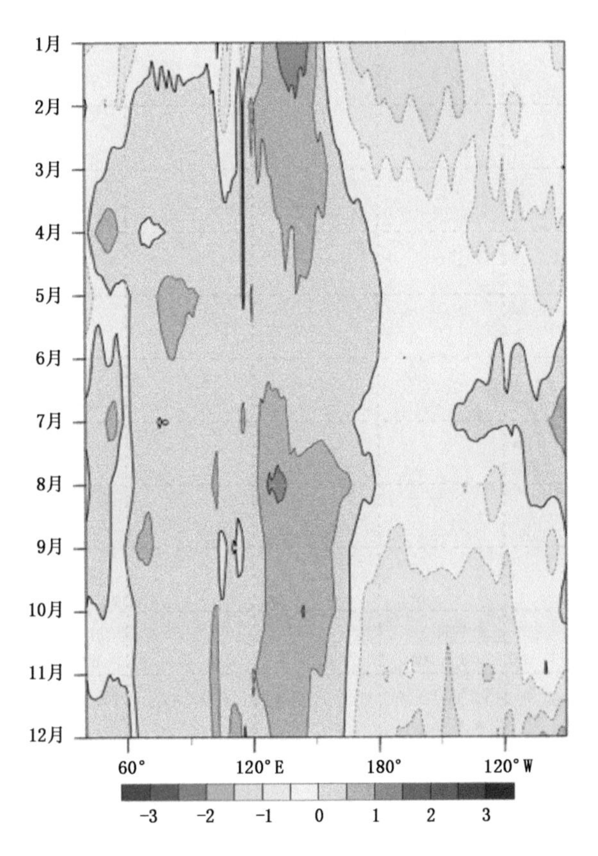

图 1.4.6 2021 年赤道太平洋(5°S—5°N)海表温度距平时间—经度剖面(单位:℃)

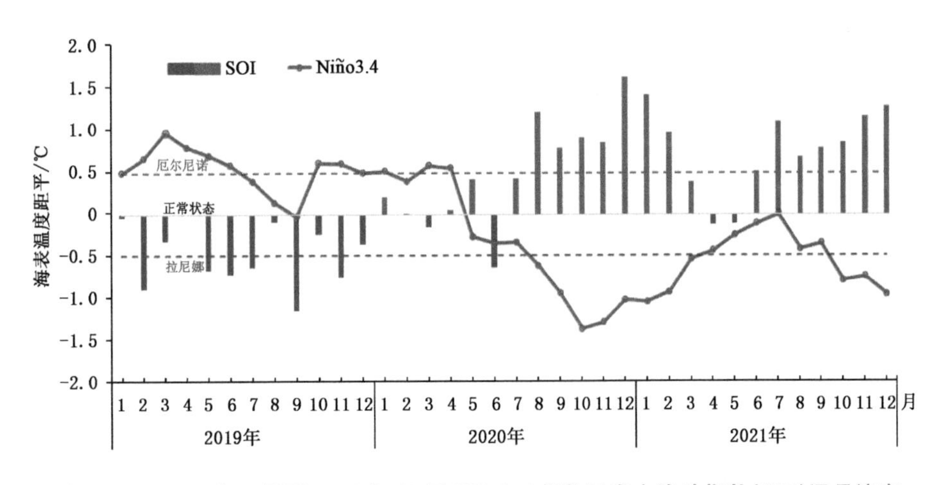

图 1.4.7 2019 年 1 月至 2021 年 12 月 Niño3.4 指数及南方涛动指数(SOI)逐月演变

显示,西太副高脊线季节内变化明显,6 月上旬至中旬前期较常年同期略偏北,6 月中旬后期至下旬转为偏南,7 月中旬迅速北跳。受其影响,江淮流域入梅和出梅均偏早、梅雨量偏少,华北雨季开始偏早(图 1.4.10)。7 月底至 8 月中旬,副高脊线明显南落且长时间维持,导致长江流域发生持续的“倒黄梅”天气。

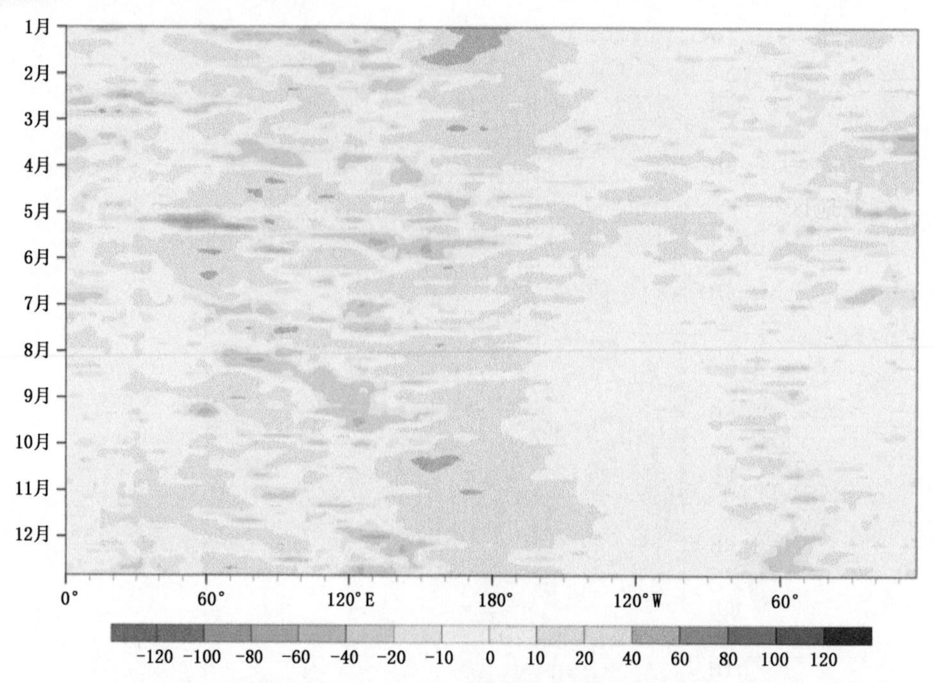

图 1.4.8　2021 年赤道地区(5°S—5°N)射出长波辐射通量距平时间—经度剖面(单位:瓦/米²)

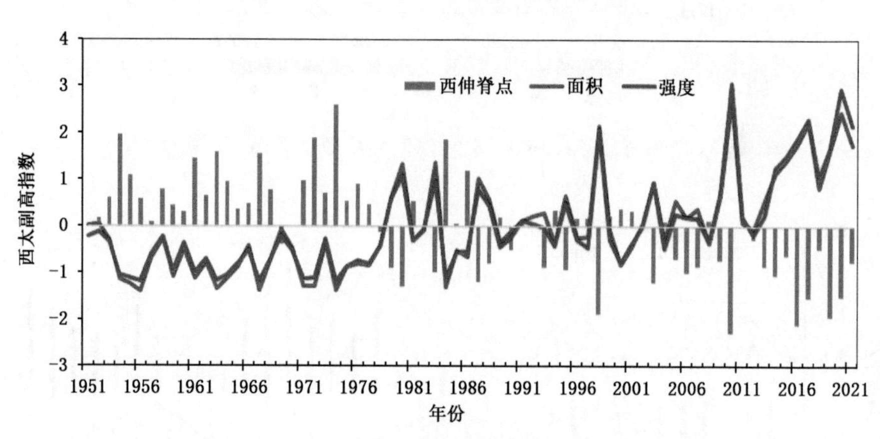

图 1.4.9　1951—2021 年夏季西太副高指数历年变化

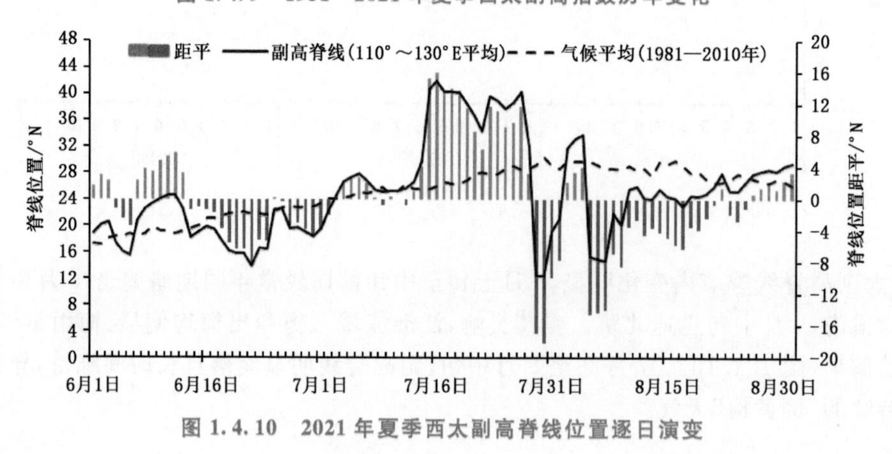

图 1.4.10　2021 年夏季西太副高脊线位置逐日演变

四、北半球积雪

1. 北半球和欧亚春夏积雪面积偏小、秋季偏大

2021 年，北半球积雪面积在 1 月及 3—8 月较常年同期偏小，2 月及 9—11 月偏大（图 1.4.11a）；欧亚地区积雪面积在 1—9 月较常年同期偏小，10—11 月偏大（图 1.4.11b）。中国积雪面积和青藏高原积雪面积均在 1—3 月及 5—9 月偏小，4 月和 10—11 月偏大（图 1.4.11c、d）；新疆北部积雪面积在 5—9 月偏小，1—4 月及 10—11 月偏大（图 1.4.11e）；东北地区（含内蒙古东部）积雪面积在 3—5 月及 9 月偏小，1—2 月及 10—11 月偏大，其余月份接近常年同期（图 1.4.11f）。

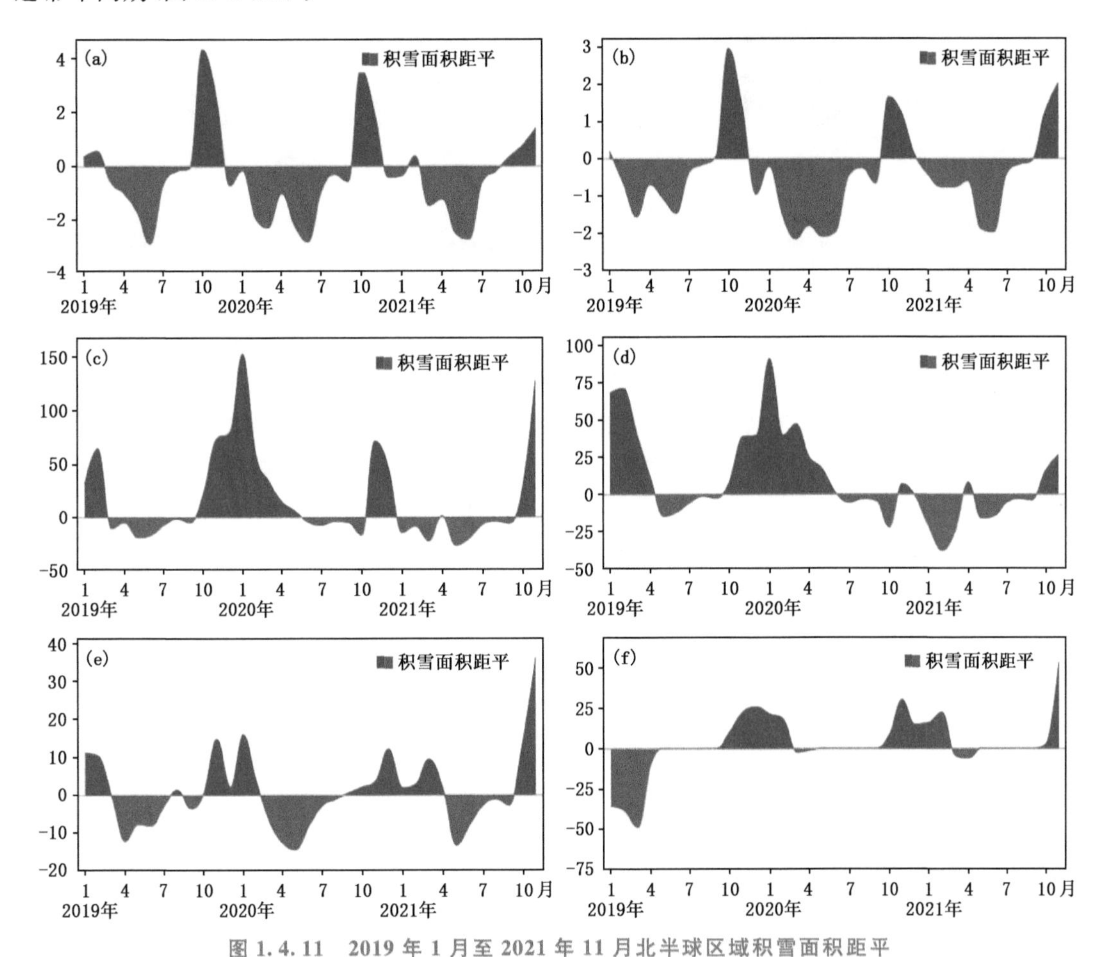

图 1.4.11 2019 年 1 月至 2021 年 11 月北半球区域积雪面积距平

（a 为北半球，b 为欧亚大陆，c 为中国，d 为青藏高原，e 为新疆北部，f 为东北地区；a、b 单位：百万千米²，c～f 单位：万千米²）

2. 冬季北美中部及中国北方大部积雪日数偏多

2020/2021 年冬季，北半球 50°N 以北（包含北美洲北部、欧亚大陆中高纬地区、中国的新疆北部和内蒙古东北部至东北北部）的大部分地区以及青藏高原西部部分地区的积雪日数超过 75 天（图 1.4.12a）。与常年同期相比，欧洲大部、中亚及中国青藏高原大部、新疆中部和南

部等地积雪日数偏少10～25天；北美东南部和西部部分地区及中国新疆北部、内蒙古大部和东北地区西部等地积雪日数偏多10～25天（图1.4.12b）。

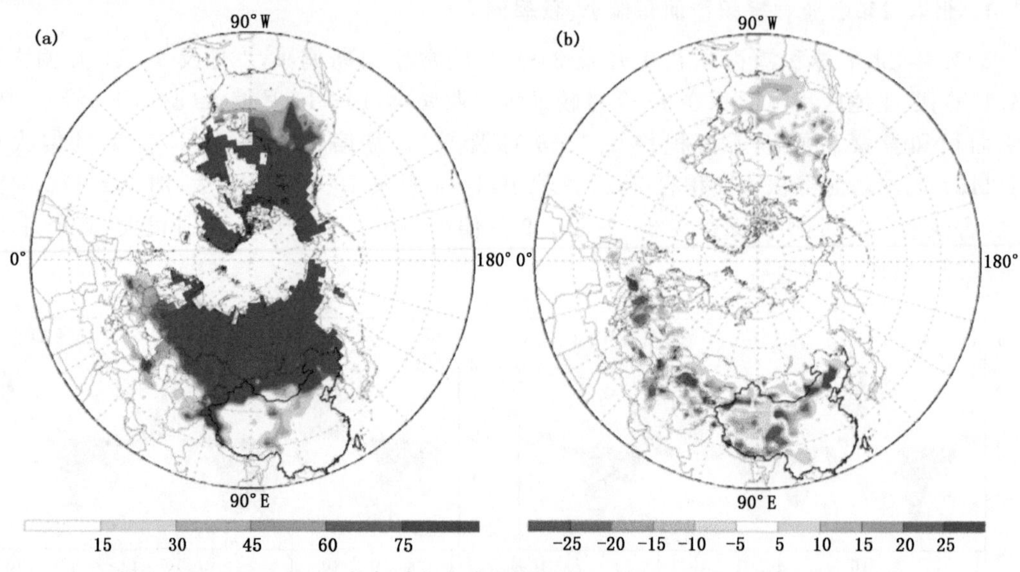

图1.4.12　2020/2021年冬季北半球积雪日数(a)及其距平(b)分布(单位:天)

3. 冬季东北地区中部、内蒙古中东部积雪偏深

2020/2021年冬季，东北地区中部及北部、内蒙古东部和新疆北部等地雪深5～25厘米，局部超过25厘米（图1.4.13a）。与常年同期相比，东北地区中东部、内蒙古中东部、新疆西部局地积雪偏深1～5厘米，局地偏深10厘米以上；东北地区北部及东南部、内蒙古东北部、新疆北部和青藏高原西南部积雪偏浅，部分地区偏浅10厘米以上（图1.4.13b）。

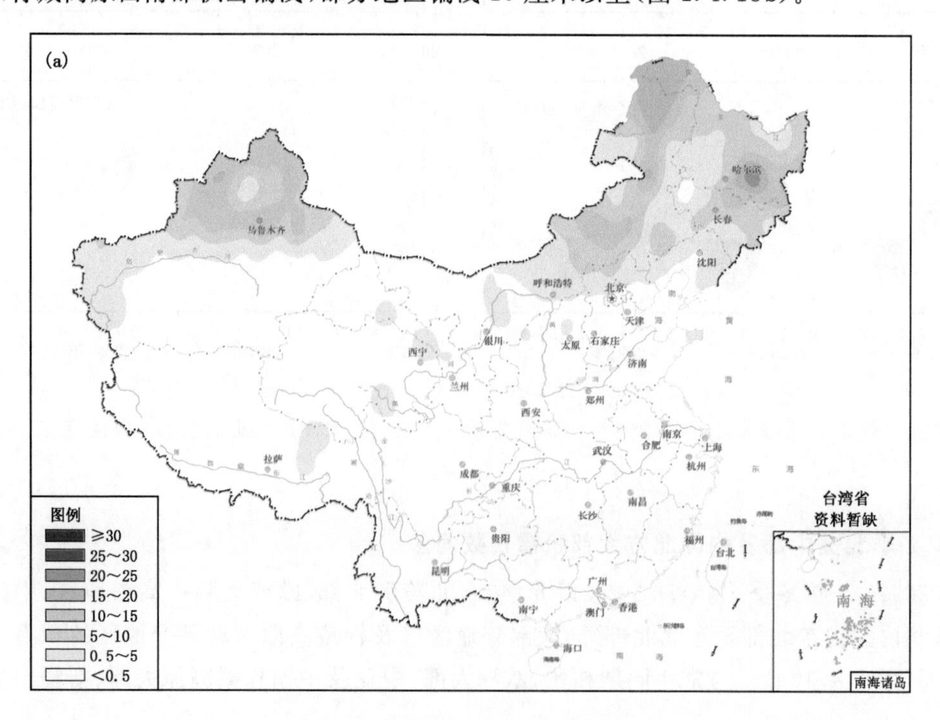

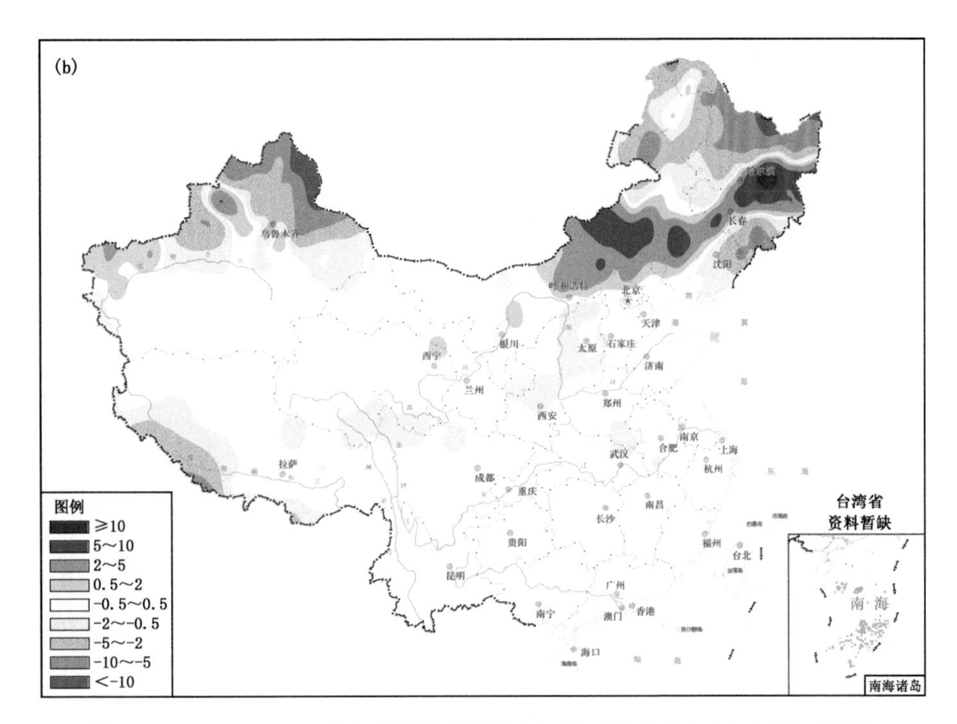

图 1.4.13　2020/2021 年冬季全国积雪深度(a)及其距平(b)分布(单位:厘米)

第二章　气象灾害及影响评估

第一节　灾情概况

一、全国灾情

2021 年气象灾害造成农作物受灾面积 1171.8 万公顷，受灾人口 10652.8 万人次，死亡和失踪 737 人，直接经济损失 3214.2 亿元，占当年 GDP 比重的 0.28%。与近 5 年相比，受灾人口、死亡和失踪人数偏少，受灾面积和直接经济损失偏少（图 2.1.1）。总体来看，2021 年气象灾害属偏轻年份。

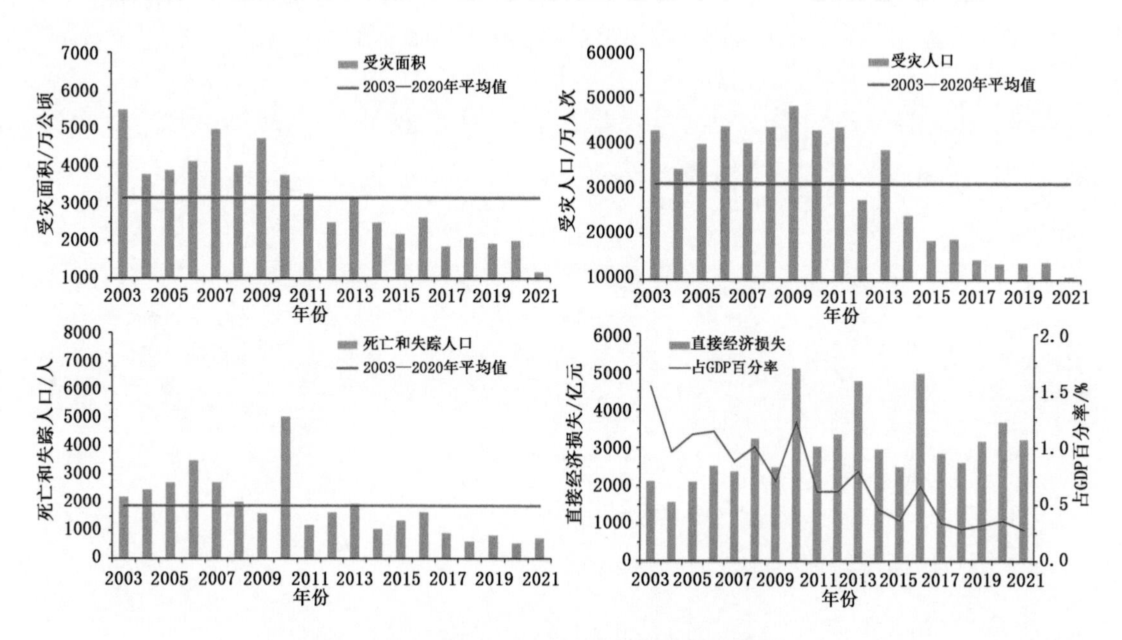

图 2.1.1　2003—2021 年全国气象灾害灾情指标

2021 年受灾面积和受灾人口最多的均来自暴雨洪涝，分别占 40.6% 和 55.4%，干旱次之，分别占 29.2% 和 19.4%；绝收面积、死亡和失踪人口、直接经济损失最多均为暴雨洪涝，所占比重分别为 53.5%、80.1% 和 76.5%（表 2.1.1）。

表 2.1.1 主要气象灾害灾情指标占总损失比重(单位:%)

	受灾面积	绝收面积	受灾人口	死亡和失踪人口	直接经济损失
干旱	29.2	28.5	19.4	0.0	6.2
暴雨洪涝	40.6	53.5	55.4	80.1	76.5
风雹	23.1	12.6	16.1	17.5	8.4
台风	3.8	2.7	6.0	0.5	4.7
低温冷害和雪灾	3.3	2.7	3.1	1.9	4.2

二、各省(区、市)灾情

从各省(区、市)来看,2021 年受灾面积最多的为河南,达 158.8 万公顷,远多于其他省份,其次是内蒙古、山西、陕西 3 省(区),受灾面积分别为 128.1 万公顷、116.3 万公顷和 97.3 万公顷;绝收面积超过 10 万公顷的有河南、陕西、黑龙江、山西 4 省,分别为 32.8 万公顷、19.2 万公顷和 17.7 万公顷、16.3 万公顷;受灾人口超过 700 万人次的有河南、陕西、山西、云南 4 省,分别为 2449.0 万人次、832.7 万人次和 768.5 万人次、762.7 万人次;死亡和失踪人口以河南最多,为 422 人,其次为山西、湖北、陕西、江苏 4 省,分别为 56 人、46 人、32 人和 32 人;直接经济损失超过 200 亿的省份有河南、陕西、山西、四川 4 省,分别为 1322.5 亿元、312.4 亿元、231.0 亿元和 223.2 亿元(图 2.1.2)。

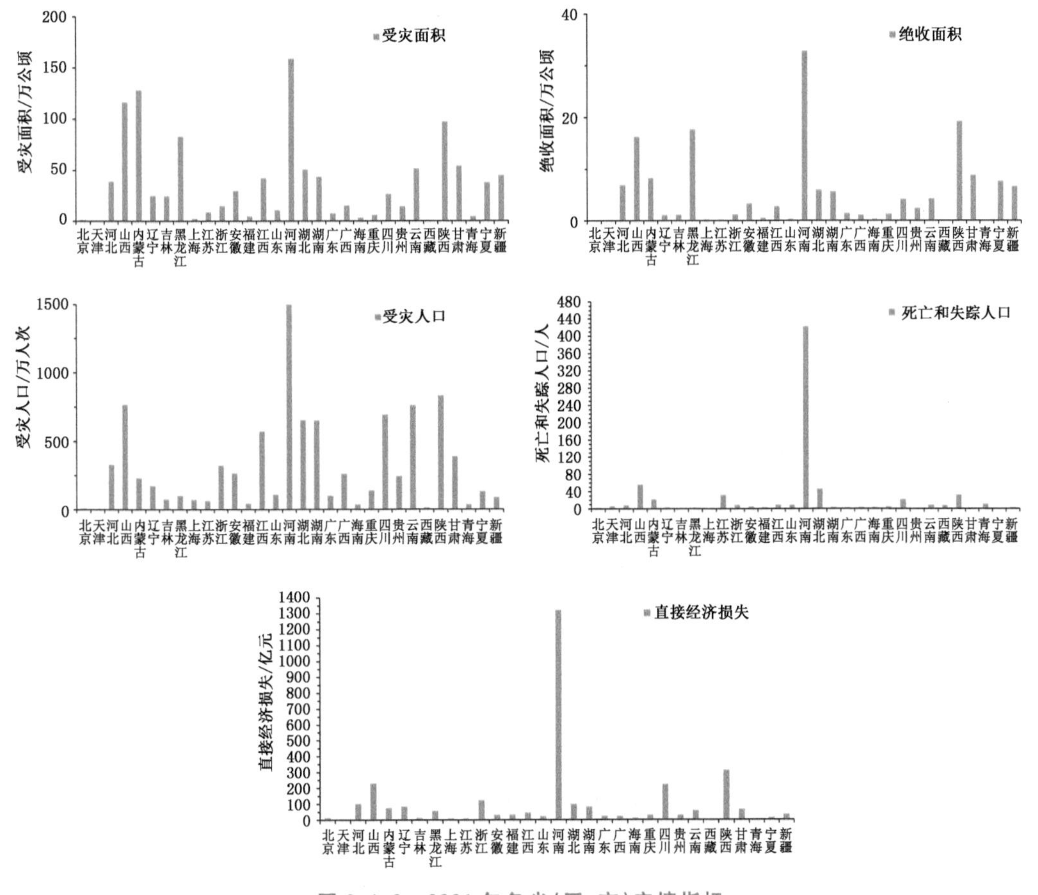

图 2.1.2 2021 年各省(区、市)灾情指标

考虑受灾面积、绝收面积、受灾人口、死亡和失踪人口、直接经济损失5种灾情指标，定义各省(区、市)灾情综合指数为各省(区、市)各灾情指标占全国比重(单位取%)之和。2021年的计算结果如图2.1.3所示，可以看出，受灾最为严重的省份为河南，之后依次为陕西、山西，综合灾情指数分别为155.0、42.0、41.9。河南上述五种灾情指标占全国的比重分别为13.5%、20.1%、23.0%、57.3%、41.1%，受灾人口、死亡和失踪人口和直接经济损失比重远大于其他省份；陕西农作物绝收面积、受灾人口、直接经济损失占全国的比重较大，分别为11.8%、7.8%、9.7%，排名均为第二；山西受灾人口、死亡和失踪人口和直接经济损失占全国的比重较大，分别为7.2%、7.6%、7.2%，排名分别为第三、第二、第三。

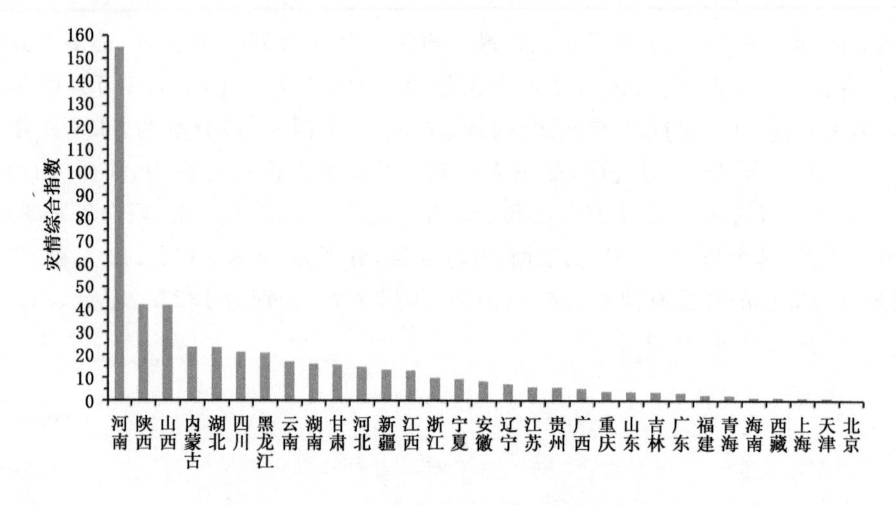

图2.1.3 2021年各省(区、市)灾情综合指数

第二节 干旱及其影响

2021年，我国气象干旱影响总体偏轻，但区域性和阶段性干旱明显。受旱面积较大或旱情较重的有山西、陕西、甘肃和云南等省。年内，江南、华南出现秋冬连旱、云南出现秋冬春夏连旱、西北地区东部和华北西部出现夏秋连旱、华南阶段性干旱频发。

2021年，全国农作物受旱面积342.6万公顷，绝收面积46.4万公顷，受旱面积较2011—2020年平均值偏小687.5万公顷；山西、陕西、甘肃三省干旱受灾面积及直接经济损失之和分别占全国的44.6%和54.1%。2021年全国因旱造成2068.9万人受灾，其中饮水困难158.9万人；直接经济损失200.9亿元。

一、基本特征

1. 干旱日数

由综合干旱指数和区域干旱指标统计结果可见，2021年干旱日数超过50天的地区主要出现在华南大部、华中和华东南部、西南地区大部及甘肃东南部等地，西南地区中西部、华南南部及江西东南部、福建南部年干旱日数超100天(图2.2.1)。

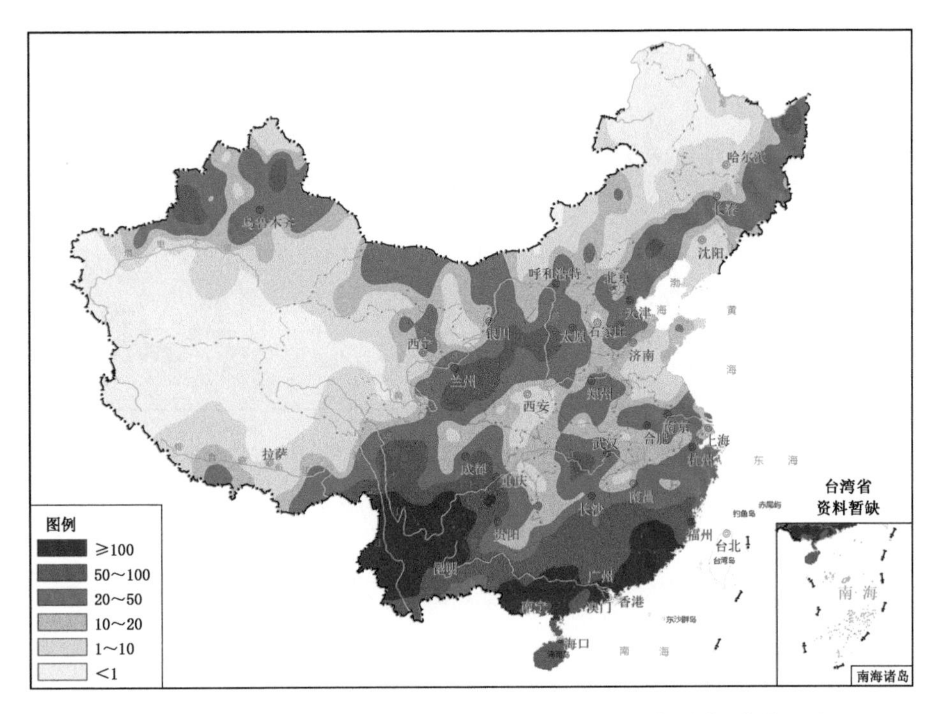

图 2.2.1　2021 年全国干旱(中旱及以上等级干旱)日数分布(单位:天)

2020/2021 年冬季气象干旱主要出现在西南地区、华南、华中和华东南部等地；2021 年春季气象干旱主要出现在西南地区大部、华南、长三角地区、华北北部、东北地区中部和南部等地；夏季，除青藏高原大部、新疆南部、内蒙古东北部、东北地区北部及浙江大部等地外，全国其余地区均有不同程度的气象干旱；秋季，西南地区中部和南部、华南大部、华中和华东南部、西北地区东部、华北西北部、内蒙古中部、东北地区东北部、新疆北部等地出现气象干旱(图 2.2.2)。

2. 干旱气候指数

干旱气候指数是基于标准化降水指数评估干旱的程度，划分相应级别，确定日干旱指数并累积求得。经标准化处理后，2021 年，全国干旱气候指数为 3.2，较常年(4.2)明显偏小，干旱程度明显偏弱(图 2.2.3)。

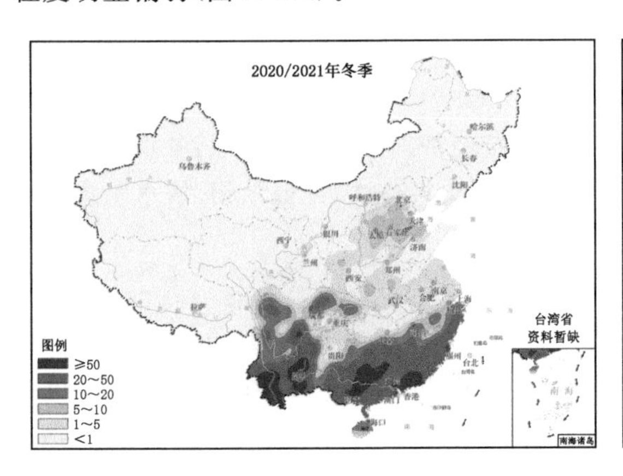

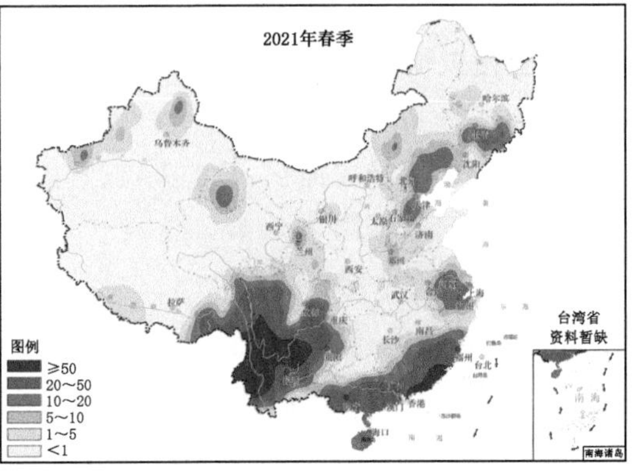

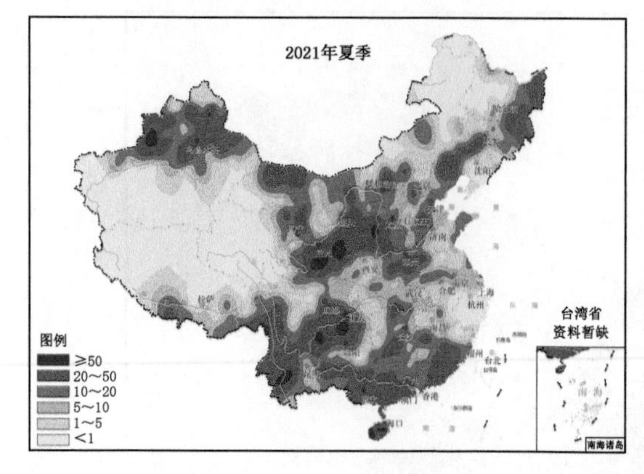

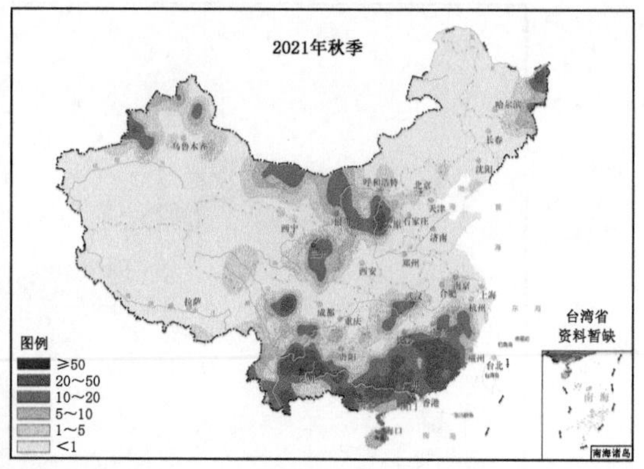

图 2.2.2 2021 年四季全国干旱(中旱及其以上等级干旱)日数分布(单位:天)

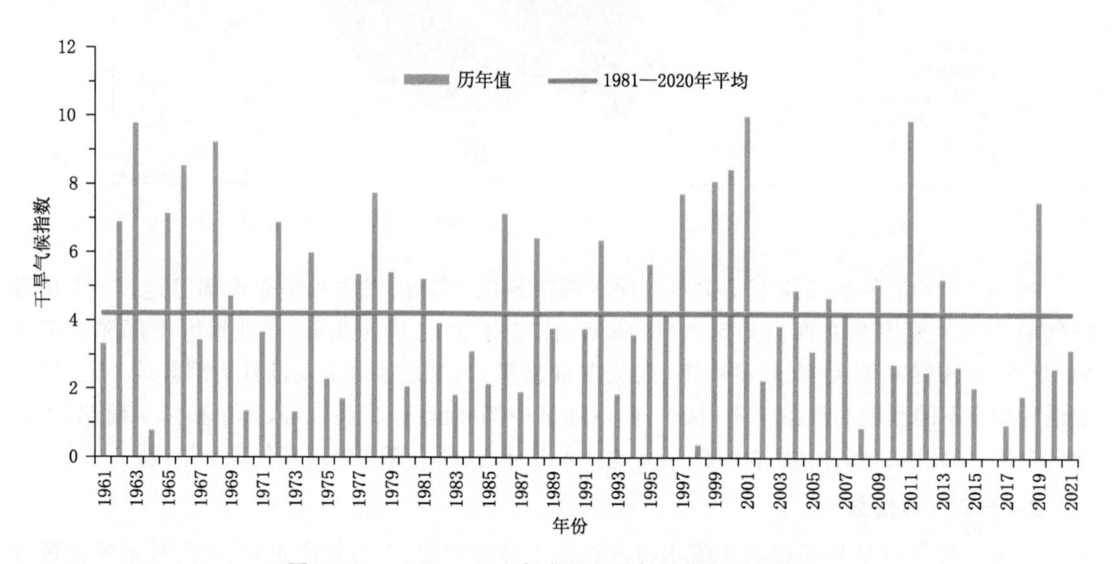

图 2.2.3 1961—2021 年全国干旱气候指数历年变化

二、灾情特征

1. 全国灾情

与 2003 年以来的灾情相比,2021 年干旱导致的直接经济损失较常年偏小,各项灾情指标均不同程度偏小,受灾面积、受灾人口、直接经济损失为历史第一少,绝收面积、饮水困难人口数量为历史第二少(图 2.2.4)。

2. 各省(区、市)灾情

从各省(区、市)来看(图 2.2.5),2021 年干旱受灾面积较大的省为山西、陕西和甘肃,分别为 62.6 万公顷、49.2 万公顷和 41.0 万公顷;绝收面积较大的省为陕西、山西和甘肃,分别为 11.8 万公顷、9.8 万公顷和 8.0 万公顷;受灾人口较多的省为云南、山西和江西,分别为 418.2 万人、326.2 万人和 217.3 万人;饮水困难较多的省(区)为云南、广西和江西,分别为 94.7 万

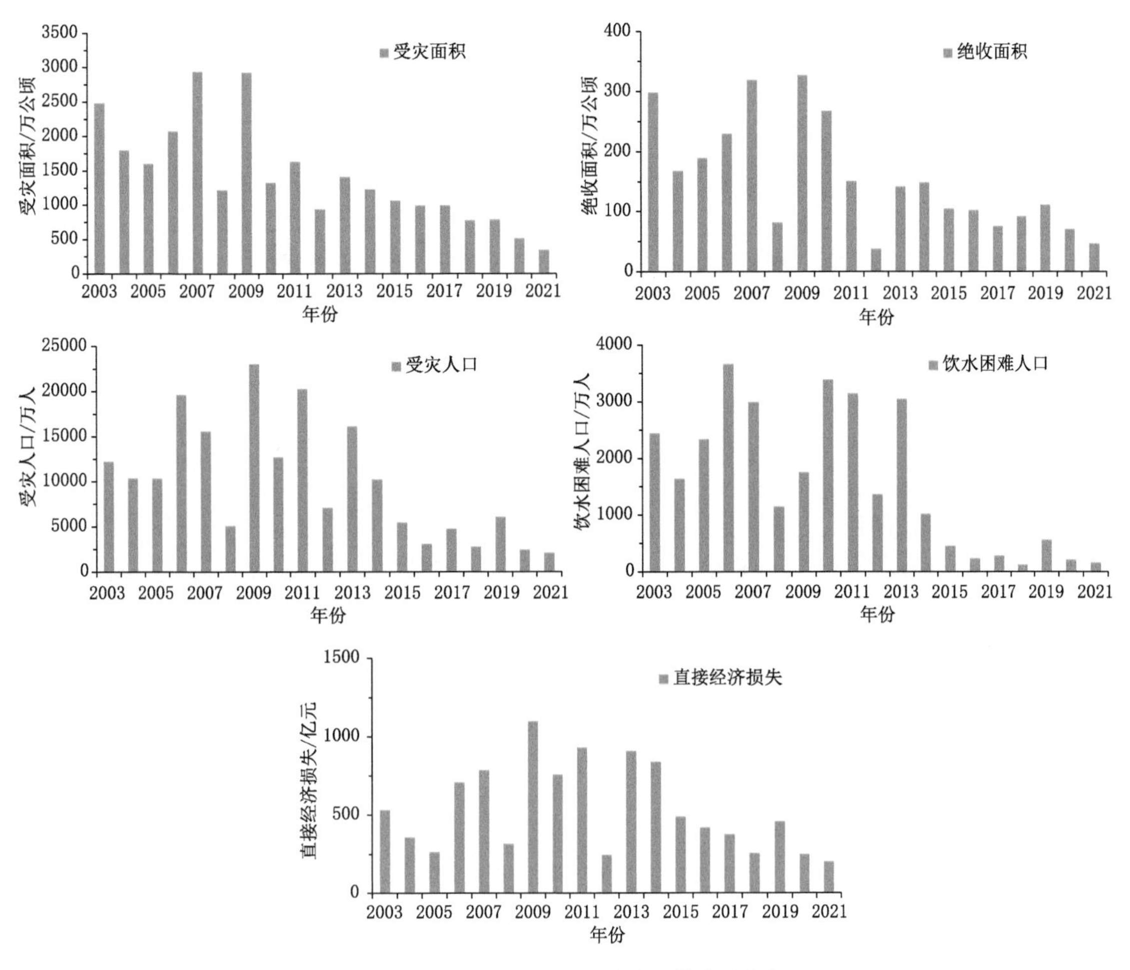

图 2.2.4 2003—2021 年全国干旱灾情指标

人、15.5 万人和 14.7 万人；直接经济损失较大的省为山西、陕西和甘肃，分别为 48.2 亿元、32.5 亿元和 28.1 亿元。

考虑受灾面积、绝收面积、受灾人口、饮水困难人口和直接经济损失 5 种灾情指标，定义各省(区、市)灾情综合指数为各省(区、市)各灾情指标占全国比重(单位取%)之和。2021 年的计算结果如图 2.2.6 所示，可以看出，受灾最为严重的省为云南、山西和陕西，灾情综合指数分别为 103.3、79.5 和 67.3。受干旱灾害影响，云南的受灾人口、饮水困难人口比重较大，山西的受灾面积及直接经济损失比重较大，陕西的绝收面积比重较大。

三、主要事件及影响

2021 年，全国气象干旱影响总体偏轻，但区域性和阶段性干旱明显。主要干旱事件有江南、华南出现秋冬连旱，云南发生秋冬春夏连旱，华南阶段性干旱频发，西北地区东部和华北西部出现夏秋连旱(表 2.2.1)。

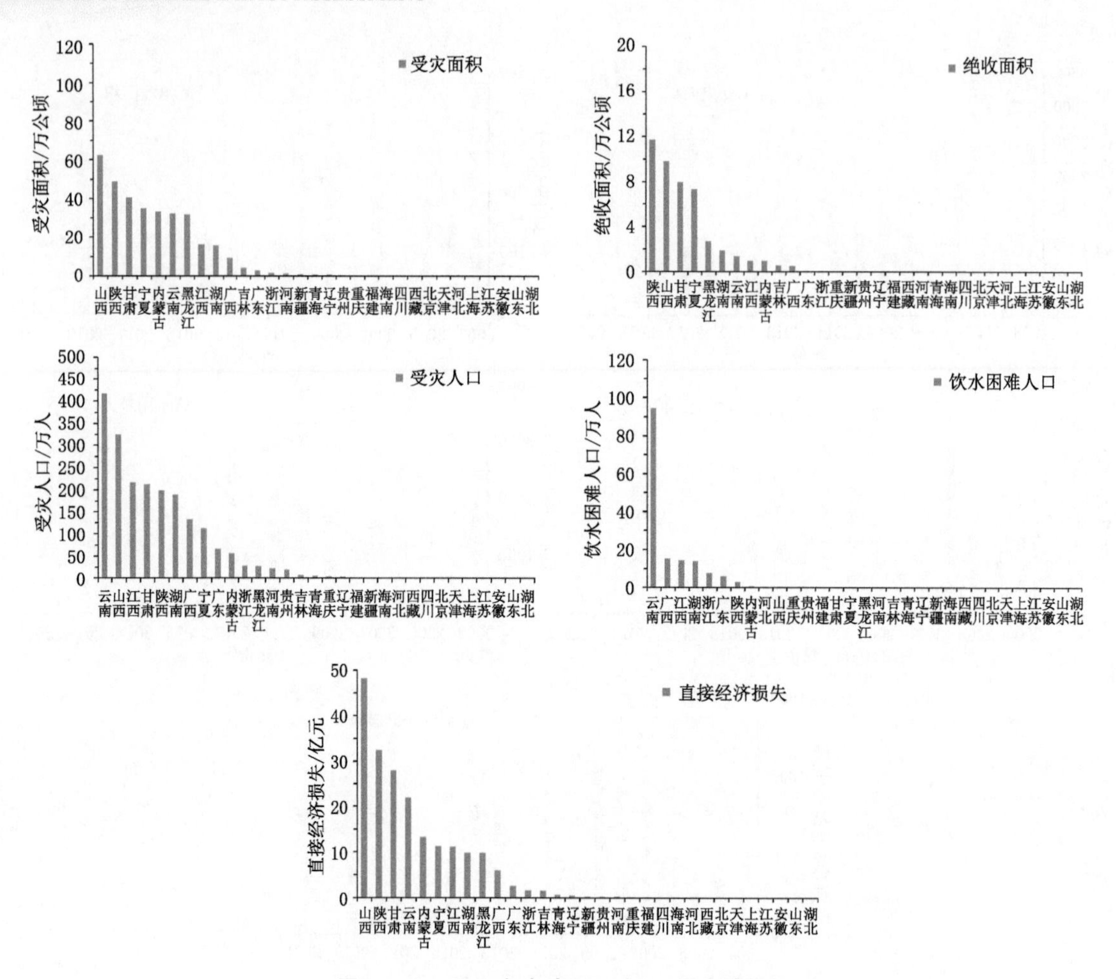

图 2.2.5　2021 年各省(区、市)干旱灾情指标

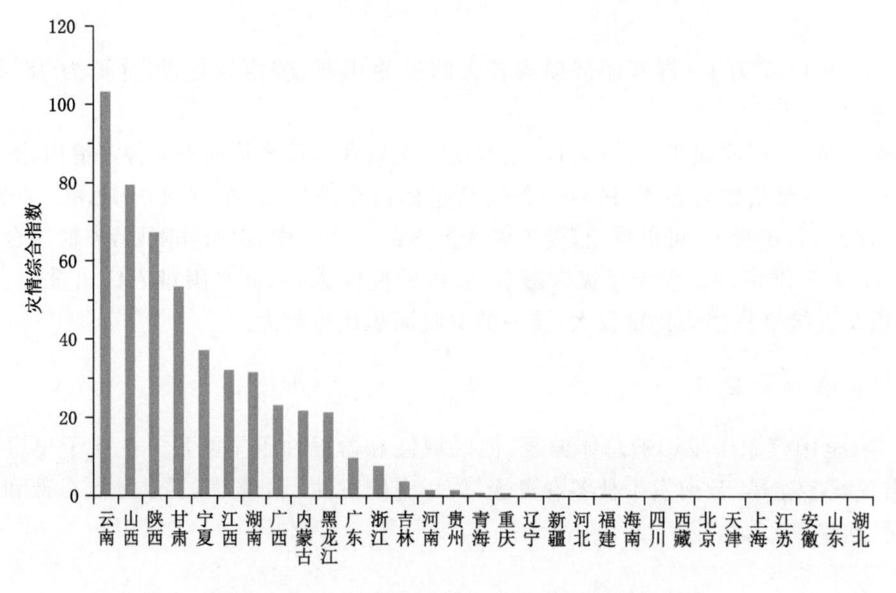

图 2.2.6　2021 年各省(区、市)干旱灾情综合指数

表 2.2.1 2021 年全国主要气象干旱事件简表

时间	干旱事件	程度	旱情概况
2020 年 11 月上旬至 2021 年 2 月上旬	江南、华南出现秋冬连旱	江南、华南大部等地降水量较常年同期偏少 5～8成，加上同期气温偏高，导致气象干旱迅速发展，普遍出现中到重度气象干旱，其中湖南东南部、广西中部和东北部、广东西北部出现特旱	持续干旱导致湖库蓄水少，江河水位低，给江南、华南等地的水资源、农业生产带来一定影响
2020 年 11 月至 2021 年 6 月	云南发生秋冬春夏连旱	云南大部降水量较常年同期偏少 2～5 成，气温偏高 1～2 ℃，温高雨少导致云南气象干旱不断发展，4 月 3 日云南干旱最为严重，全省大部地区出现中到重度气象干旱，东北部、西南部和北部出现特旱	受干旱影响，云南省水库蓄水严重不足，大理东部—楚雄—昆明西部—玉溪南部—普洱—红河西部一带土壤缺墒，对当地春播产生不同程度影响
3 月下旬至 12 月中旬	华南阶段性干旱频发	华南地区降水总体偏少，华南中东部降水量偏少 2～5 成，气象干旱呈现持续性和阶段性的发展态势。3 月下旬至 5 月上旬、5 月中旬至 6 月下旬、7 月上旬至 8 月中旬、8 月下旬至 10 月上旬为干旱明显时段	长期干旱致使华南土壤墒情差，江河水位下降，山塘水库干涸，对农业生产、森林防火、生活生产用水产生不利影响，干旱还导致珠江口咸潮突出，影响对香港供水和电网安全等
7 月上旬至 9 月上旬	西北地区东部和华北西部出现夏秋连旱	西北地区东部和华北西部降水量偏少 2～5 成，温高雨少导致气象干旱不断发展	干旱给农业生产和水资源等带来一定影响，部分地区出现人畜饮水困难

1. 江南、华南出现秋冬连旱

2020 年 11 月上旬至 2021 年 2 月上旬，江南、华南大部等地累积降水量在 50 毫米以下，其中江南东南部、华南大部等地不足 25 毫米，上述大部地区降水量偏少 5～8 成，广西大部、广东东南部等地偏少 8 成以上；广西、湖南降水量为 1961 年以来历史同期最少，广东、江西为第二少，浙江为第三少。同期，上述大部地区气温较常年同期偏高，其中江南中部和东部、华南中东部偏高 1～2 ℃。降水稀少、气温偏高，导致江南、华南气象干旱迅速发展，普遍出现中到重度气象干旱，其中湖南东南部、广西中部和东北部、广东西北部出现特旱。持续干旱导致湖库蓄水少，江河水位低，给江南、华南等地的水资源、农业生产带来一定影响。2 月 7—11 日，南方地区出现明显降水过程，上述地区气象干旱得到有效缓解。

2. 云南 2020 年秋末至 2021 年夏初连续干旱

2020 年 11 月至 2021 年 6 月，云南降水持续偏少，全省降水量为 1961 年以来历史同期最少。云南大部地区累积降水量在 400 毫米以下，偏少 2～5 成，中北部地区不足 200 毫米，偏少 5 成以上。与此同时，气温普遍较常年同期偏高，云南北部和西南部等地偏高 1～2 ℃。温高雨少导致云南气象干旱不断发展，4 月 3 日云南干旱最为严重，全省大部地区出现中到重度气象干旱，东北部、西南部和北部出现特旱（图 2.2.7）。受干旱影响，全省水库蓄水严重不足，大理东部—楚雄—昆明西部—玉溪南部—普洱—红河西部一带土壤缺墒，对当地春播产生不同程度影响。7月以后，云南降水有所增多，干旱缓解。

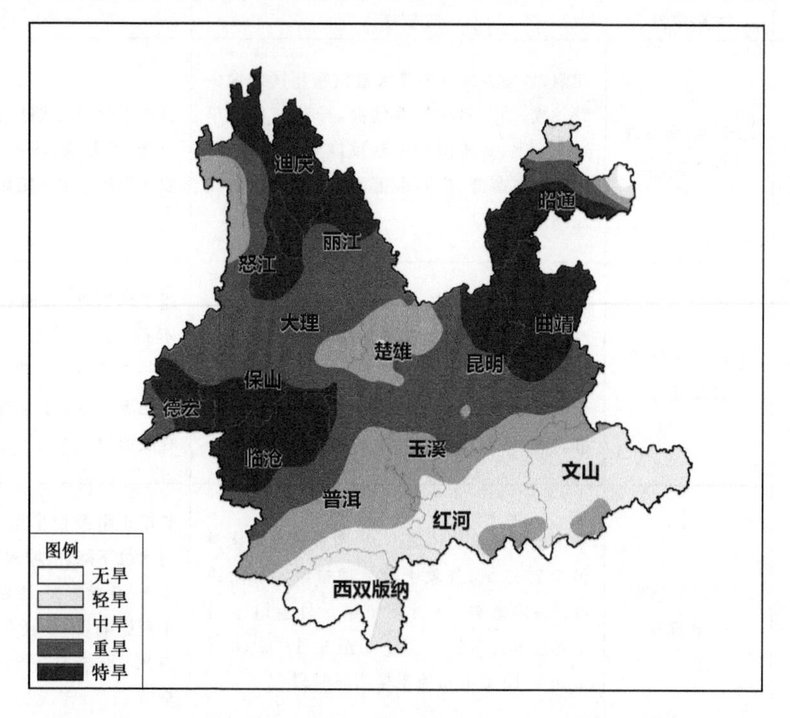

图 2.2.7　2021 年 4 月 3 日云南气象干旱监测

3. 华南阶段性干旱频发

3 月下旬至 12 月中旬，华南地区降水总体偏少，华南中东部降水量偏少 2～5 成，气象干旱呈现持续性和阶段性的发展态势。3 月下旬至 5 月上旬、5 月中旬至 6 月下旬、7 月上旬至 8 月中旬、8 月下旬至 10 月上旬为干旱明显时段，其中，4 月上旬广东大部、广西中部和南部、海南东部(图 2.2.8)，5 月下旬广东西部和东部，7 月下旬广东大部、广西中西部和东部以及海南东部，9 月中旬广东东南部和西部、广西中西部和东部等地出现中到重度气象干旱，局地达到特旱。10 月上旬台风“狮子山”和“圆规”给华南地区带来暴雨到大暴雨，气象干旱明显缓解。11 月至 12 月上旬末，华南大部地区降水再度偏少，气象干旱又有所露头；12 月下旬初，台风“雷伊”给华南中东部带来降水，气象干旱缓和。长期干旱致使华南土壤墒情差，江河水位下降，山塘水库干涸，对农业生产、森林防火、生活生产用水产生了不利影响，干旱还导致珠江口咸潮突出，影响对香港供水和电网安全等。

4. 西北地区东部和华北西部出现夏秋连旱

7 月上旬至 9 月上旬，西北地区东部和华北西部降水持续偏少，大部地区累积降水量在 200 毫米以下，西北地区东北部不足 100 毫米；与常年同期相比，上述大部地区降水量偏少 2～5 成，西北地区东北部偏少 5 成以上。与此同时，气温普遍较常年同期偏高，西北地区东部偏高 1～2 ℃，局地偏高 2 ℃以上。温高雨少导致气象干旱不断发展，8 月 17 日，上述地区大部出现中到重度气象干旱，其中陕西中部、甘肃东部、宁夏南部出现特旱(图 2.2.9)。干旱给农业生产和水资源等带来一定影响，部分地区出现人畜饮水困难。

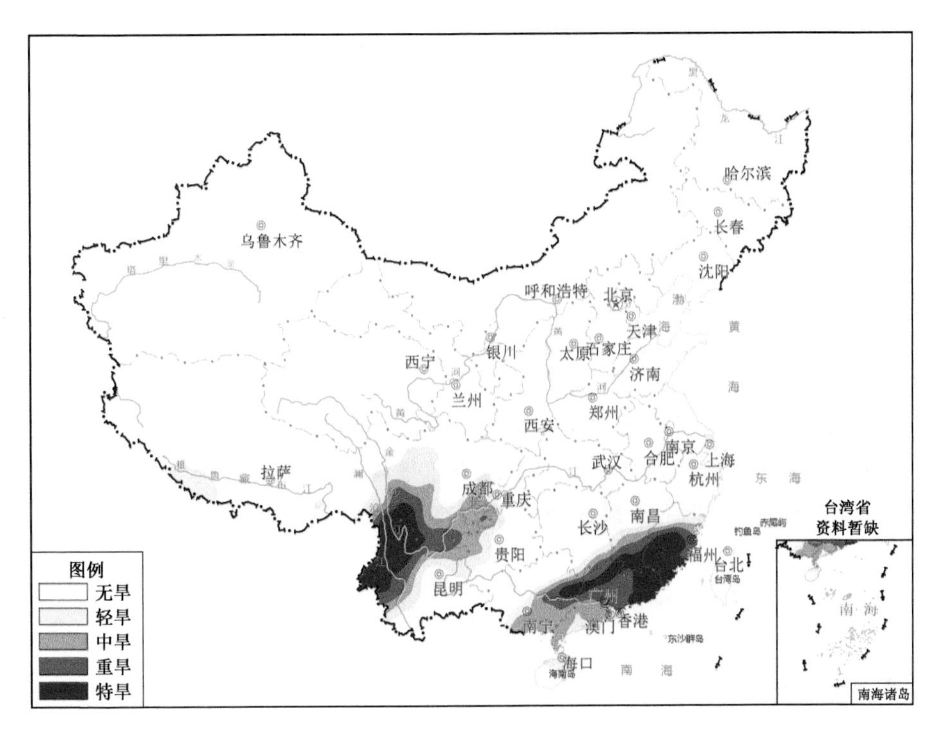

图 2.2.8 2021 年 4 月 13 日全国气象干旱监测

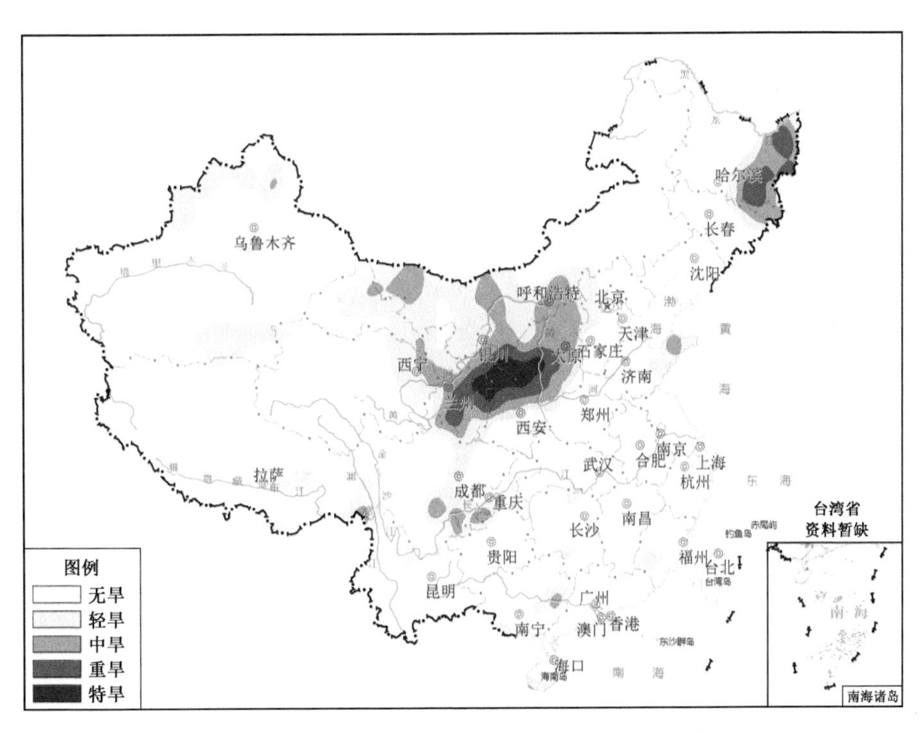

图 2.2.9 2021 年 8 月 17 日全国气象干旱监测

第三节　暴雨洪涝及其影响

2021年，全国平均降水量比常年偏多6.7%。冬季降水偏少，春、夏、秋季降水偏多。全国共出现36次区域暴雨过程，北方地区降水量为1961年以来历史第二多。暴雨站日数为1961年以来第二多。雨涝气候指数为9.5，为1961年以来第三强。汛期，暴雨过程强度大、极端性显著，河南等地暴雨灾害严重；秋季北方多雨，黄河流域秋汛明显。

据统计，2021年全国因暴雨洪涝及其引发的滑坡、泥石流灾害共造成5901万人次受灾，死亡（含失踪）590人；农作物受灾面积476万公顷，其中绝收面积87万公顷；倒塌房屋15.2万间，直接经济损失2459亿元。

总体上看，2021年暴雨洪涝灾害较常年偏重。2021年全国暴雨洪涝造成的直接经济损失高于近十年平均，受灾面积和死亡人口少于近十年平均。2021年各类气象灾害中，暴雨洪涝灾害比较突出，造成的直接经济损失较重。2021年受灾较重的有河南、陕西、四川、山西等省。

一、基本特征

1. 暴雨洪涝分布

2020年主汛期（6—8月），全国平均降水量334.1毫米，较常年同期偏多3%。主要多雨区出现在我国北方，河南、浙江降水量为1961年以来历史同期最多，北京为第三多。与常年同期相比，东北西部、华北东部、黄淮中西部、江淮大部、江汉西部、江南东部及四川东北部、重庆大部、陕西南部、新疆西部等地降水量偏多2成至2倍。从夏季（6—8月）降水量百分位数分布图可以看出（图2.3.1），黑龙江西北部、河北东北部、山东西南部、河南北部、江苏北部、陕西东南部、四川东部、重庆北部、湖北西部、浙江北部达到了洪涝标准。

从月降水量距平百分率分析，5月浙江南部、福建北部，6月辽宁南部，7月河北东部和中南部、河南北部、山东西北部、江苏中南部、浙江北部，8月内蒙古东部、河南北部、湖北西部、四川东部、重庆北部、湖北西部、湖南西北部，9月四川东部、10月广西南部、广东南部等地达到了一般洪涝或严重洪涝标准。

从旬降水量分析，6月上旬广西北部、广东东南部，7月中旬河南北部，7月下旬河南北部、江苏南部、浙江北部，8月下旬重庆等地达到一般洪涝或严重洪涝标准。

综合上述各项指标，2021年我国暴雨洪涝主要发生在黑龙江西北部、内蒙古东北部、河北东部、山东西部、河南北部、陕西东南部、四川东部、重庆北部、湖北西部、江苏北部和南部、浙江北部等地。

2. 极端降水

2021年，全国共出现暴雨（日降水量≥50.0毫米）7667站日，比常年偏多26.9%，为1961年以来第二多，仅次于2016年（图2.3.2）。黄淮中西部、江淮大部、江南大部及福建北部、广东中部、广西南部、海南、四川东北部、重庆大部、湖北西部等地暴雨日数有4～8天，其中四川东北部局部、重庆北部等地超过8天。河北西南部、山东西部、河南北部、四川东北部、重庆北部等地暴雨日数较常年偏多3～5天，局地超过5天。

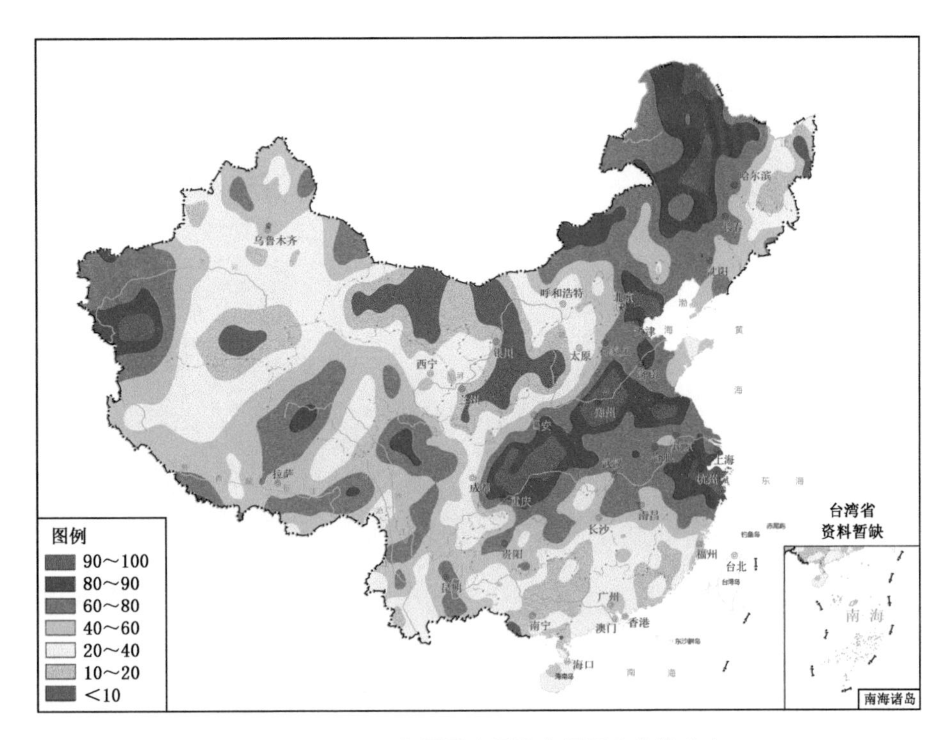

图 2.3.1　2021 年夏季全国降水量百分位数分布

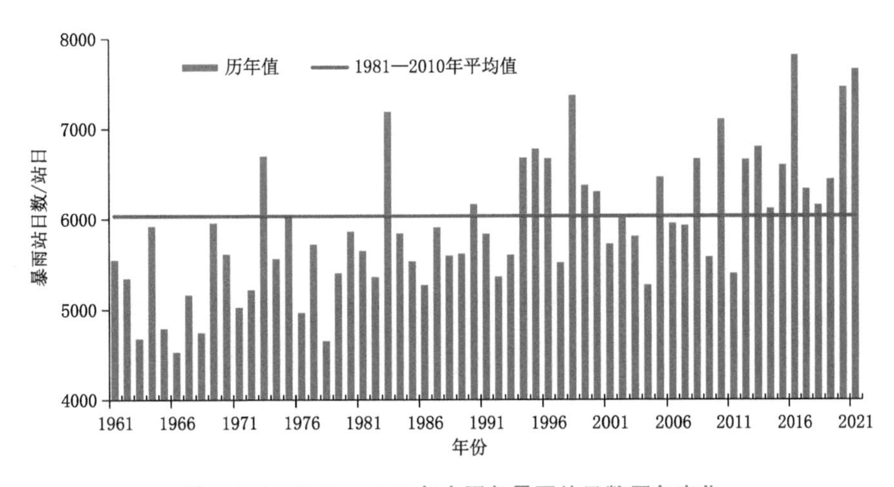

图 2.3.2　1961—2021 年全国年暴雨站日数历年变化

2021 年，全国共有 305 个国家站日降水量达到极端事件监测标准，其中，河南、陕西、江苏、新疆、四川等地 64 站突破历史极值(图 2.3.3)。河南郑州(552.5 毫米)、新密(448.3 毫米)日降水量超过 400 毫米。全国共 83 个国家级气象站连续降水量突破历史极值，主要分布在河南、山西、陕西、福建、浙江、新疆等省(区)，河南郑州连续降水量达 852 毫米。

3. 雨涝气候指数

雨涝气候指数是根据日降水量等级与强降水日数的非线性关系计算得到。2021 年全国雨涝气候指数为 9.5，较常年(4.4)显著偏大，为 1961 年以来仅次于 2016 和 1998 年的第三高值(图 2.3.4)。

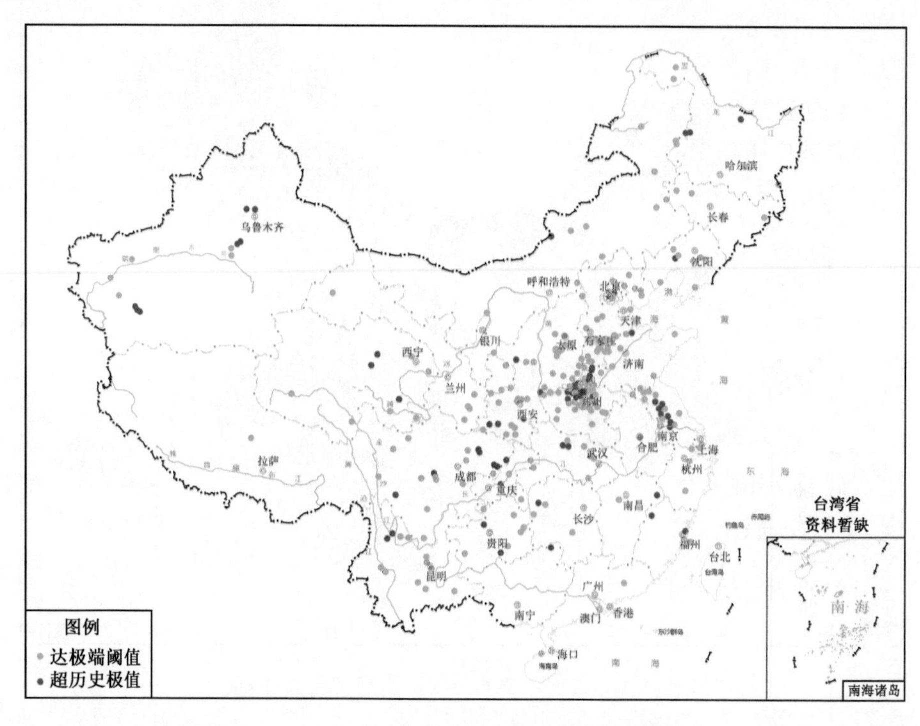

图 2.3.3　2021 年全国极端日降水量事件站点分布

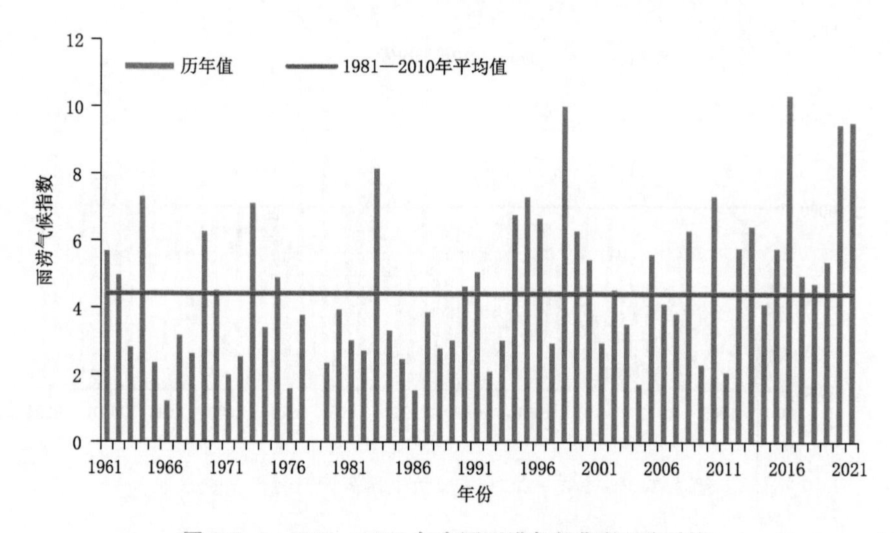

图 2.3.4　1961—2021 年全国雨涝气候指数历年变化

二、主要事件及影响

1. 汛期暴雨强度大、极端性显著

5 月中旬至 10 月下旬，全国共出现 29 次区域性暴雨过程，其中 5 月 15—23 日、6 月 27 日至 7 月 7 日、7 月 15—22 日、7 月 24—30 日和 9 月 16—20 日的区域性暴雨过程综合强度达到

“高”等级。

5月15—23日，长江以南大部地区遭遇持续性强降雨天气，湖北、江西、福建等地的部分水库和河流超过汛限水位或警戒水位，赣江形成年内第1号洪水。5月30日至6月2日，华南大部遭遇强降雨天气，广东中东部出现暴雨到大暴雨，惠州、河源、汕尾和揭阳等局地特大暴雨；广东惠州龙门县龙华镇最大3小时雨量(400.9毫米)突破广东省历史极值，6小时雨量(479.6毫米)突破广东省“龙舟水”期间历史极值。广东多地出现严重内涝，暴雨导致道路积水，房屋、车辆被淹及群众被困，多所学校停课。

7月15—22日，华北中部和南部、黄淮西部和南部出现强降雨过程，河北南部、河南西部和北部累积降水量超过250毫米(图2.3.5)，多地出现极端降水事件。河南郑州等51个国家级气象站、河北平山等16个国家级气象站、山东无棣等2个国家级气象站、山西平顺国家级气象站出现极端连续降水事件，河南郑州等26站(其中郑州851毫米)、山东无棣等2个国家级气象站、山西平顺国家级气象站累积降水量超过历史极值。河南出现特大暴雨，郑州最大日降水量达624.1毫米，接近该站常年的年降水量(641毫米)；郑州最大小时降水量达201.9毫米，超过此前我国大陆地区小时降水量气象观测记录。极端暴雨导致郑州、鹤壁、新乡、安阳等城市发生严重内涝，多地交通、电力、供水等受到严重影响，造成重大人员伤亡和巨大经济损失。

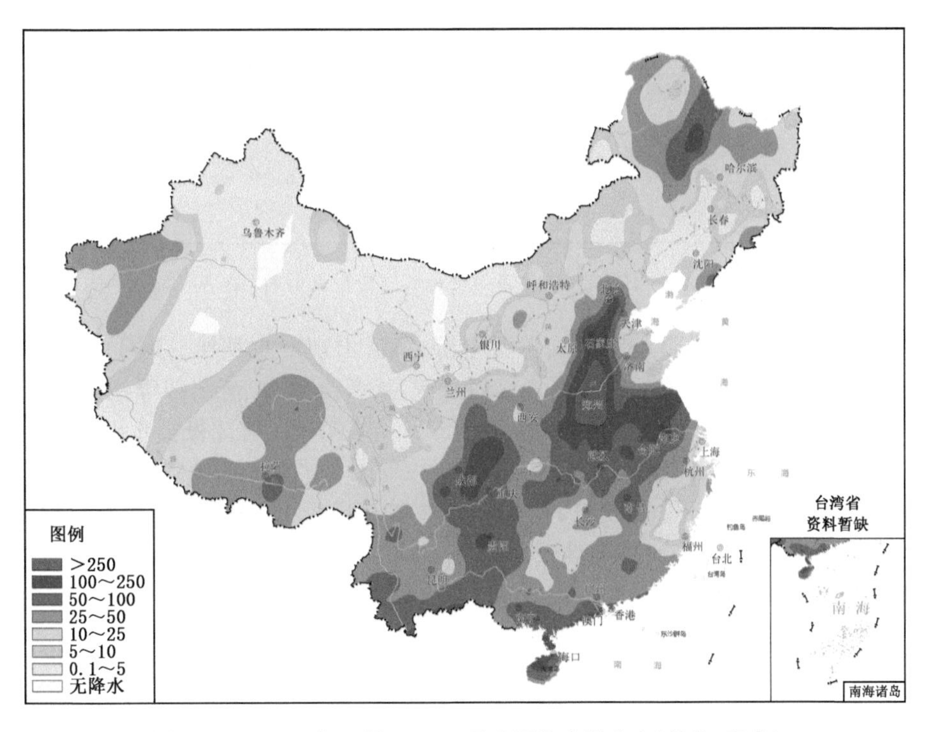

图2.3.5　2021年7月15—22日全国降水量分布(单位:毫米)

2. 秋季北方多雨，黄河流域秋汛明显

秋季，全国降水总体北多南少(图2.3.6)，华北、西北区域平均降水量均为1961年以来最多，京津冀及陕西、山西降水量均为1961年以来历史同期最多。全国共有134个国家级气象站日降水量突破秋季历史极大值，其中陕西志丹(113.8毫米，9月3日)、城固(112.8毫米，9

月 26 日)日降水量突破历史纪录;华北、黄淮、西北东部等地共有 250 个国家级气象站连续降水日数达到极端事件标准,其中河南正阳(19 天)、山东济宁(12 天)、河北曲周(9 天)等 27 个国家级气象站连续降水日数破历史纪录。华西秋雨开始早、结束晚,持续时间长,累积雨量为 1961 年以来最多。

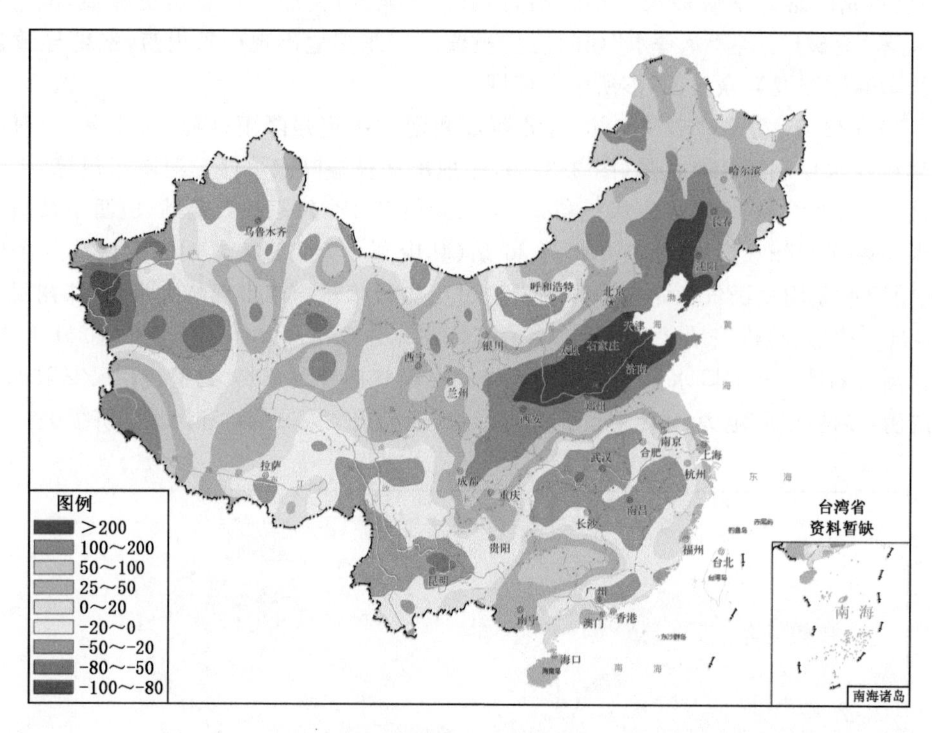

图 2.3.6　2021 年秋季全国降水量距平百分率分布(单位:%)

9—10 月,5 次区域性暴雨过程影响黄河中游,黄河出现严重秋汛。9 月 24—26 日,四川盆地、西北地区东部至华北、黄淮一带出现暴雨过程,陕西南部、河南北部等地降水量超过 100 毫米;27 日黄河潼关站、黄河花园口站相继发生 2021 年第 1 号、第 2 号洪水,黄河支流渭河发生 1935 年有实测资料以来同期最大洪水。10 月 2—7 日,山西省平均降水量超过常年 10 月降水量的 3 倍,出现明显秋汛;6—7 日,陕西受持续降雨影响,11 条河流出现超警戒洪峰,7 日潼关水文站出现 1979 年以来的最大洪水。

第四节　台风及其影响

2021 年,西北太平洋和我国南海共有 22 个台风(中心附近最大风力≥8 级)生成,生成个数较常年 (25.5 个)平均值偏少 3.5 个。其中 2104 号“小熊”(Koguma)、2106 号“烟花”(In-fa)、2107 号“查帕卡”(Cempaka)、2109 号“卢碧”(Lupit)、2117 号“狮子山”(Lionrock)、2118 号“圆规”(Kompasu)共 6 个台风先后在我国登陆,登陆个数较常年 (7.2 个) 偏少 1.2 个。“烟花”影响较大,根据《台风灾害影响评估技术规范》(QX/T 170—2012),台风“烟花”灾害影响综合评估指数(CIDT)为 9.9,为重灾等级。

2021 年,影响我国的台风共造成 4 人死亡,直接经济损失 152.6 亿元;与 1991—2020 年平均值相比，台风造成的直接经济损失偏低，死亡人数明显偏少；影响较大的台风是“烟花”，受灾较重的地区是浙江。2021 年年台风灾害影响综合评估指数（当年各台风 CIDT 之和）为 20.0，较 2000—2020 年平均值（26.0）偏低（图 2.4.1），为台风灾害损失较轻年份。

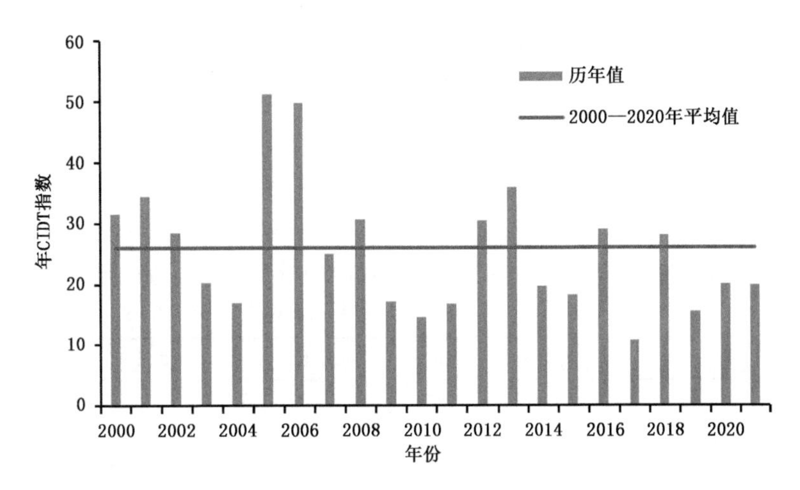

图 2.4.1 2000—2021 年台风年灾害影响综合评估指数历年变化

一、基本特征

1. 生成个数较常年偏少，活跃程度较低

2021 年，在西北太平洋和我国南海共有 22 个台风生成（表 2.4.1 和图 2.4.2），生成个数较常年（25.49 个）平均值偏少 3.5 个。2021 年台风累积气旋能量指数（Bell et al.，2000）为 5.4×10^5，比常年平均偏低 9.7%，台风活跃程度较低。

表 2.4.1 在西北太平洋和我国南海 2021 年和常年各月及全年台风生成个数

时间	1月	2月	3月	4月	5月	6月	7月	8月	9月	10月	11月	12月	全年
2021 年生成个数	0	1	0	1	1	2	3	4	4	4	1	1	22
常年生成个数*	0.33	0.10	0.30	0.60	1.03	1.70	3.70	5.80	4.87	3.60	2.33	1.13	25.49

注：* 为 1981—2010 年 30 年平均值。

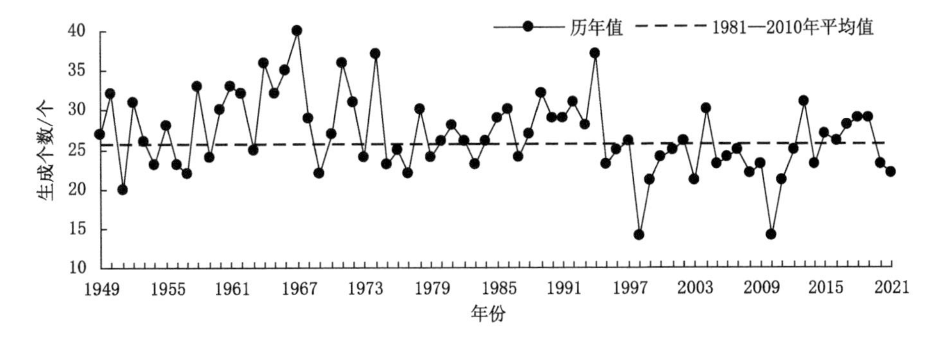

图 2.4.2 1949—2021 年在西北太平洋和我国南海台风生成个数历年变化

2. 起编时间偏早、停编时间偏晚

2021 年，最早开始编号的是 2101 号台风“杜鹃”(Dujuan)，其起编时间为 2 月 18 日，较常年(3 月 20 日)偏早 30 天，比 2020 年最早起编时间(5 月 12 日)偏早 83 天。

2021 年，最晚停止编号的是 2122 号台风“雷伊”(Rai)，其停编时间为 2021 年 12 月 21 日，较常年(12 月 15 日)偏晚 6 天。和 2020 年停编时间一致。

3. 登陆个数较常年偏少

2021 年，共有 6 个台风(登陆时中心附近最大风力≥8 级)在我国沿海登陆(表 2.4.2 和图 2.4.3)，登陆个数较常年(平均 7.12 个)偏少 1.12 个，较 2020 年登陆个数偏多 1 个。台风登陆比例为 27.3%，接近常年值(28.7%)(图 2.4.4)。2021 年我国热带气旋年潜在影响力指数(尹宜舟等，2013)为 288，较常年偏低 5.8%，总体上台风对我国的潜在影响程度一般。

表 2.4.2 2021 年和常年 4—12 月在我国登陆台风个数

时间	4 月	5 月	6 月	7 月	8 月	9 月	10 月	11 月	12 月	总计
2021 年登陆个数	0	0	1	2	1	0	2	0	0	6
常年登陆个数*	0.03	0.07	0.63	2.00	1.93	1.77	0.53	0.13	0.03	7.12

注 * 为 1981—2010 年 30 年平均值。

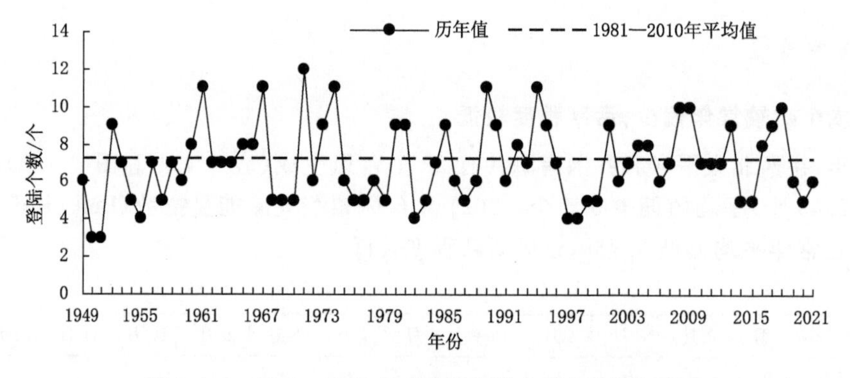

图 2.4.3 1949—2021 年在我国登陆台风个数历年变化

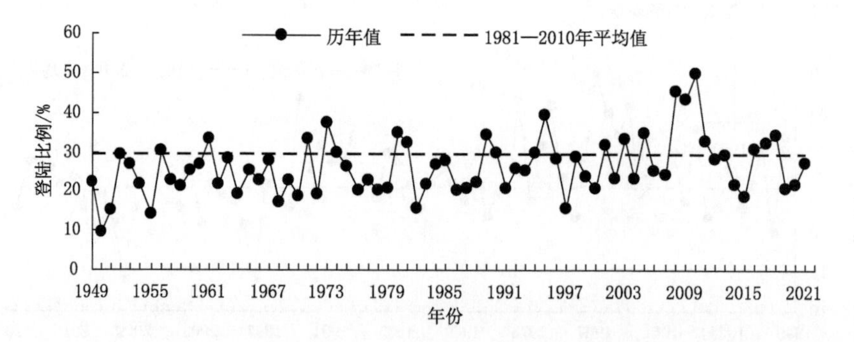

图 2.4.4 1949—2021 年在我国台风登陆比例历年变化

4. 初台登陆时间较常年偏早、末台偏晚

2021年，第一个在我国登陆的台风是2104号“小熊”(Koguma)，其登陆时间为6月12日，较常年初台登陆时间(平均为6月25日)偏早13天。最后一个在我国登陆的台风是2118号“圆规”(Kompasu)，其登陆时间为10月13日，比常年末台登陆时间(平均为10月6日)偏晚7天。

5. 登陆强度偏弱、登陆地点总体偏南

2021年，有6个台风登陆我国(表2.4.2)，较常年偏少。登陆台风的平均最大风速24.9米/秒，较常年(30.7米/秒)偏弱。其中3个台风登陆海南、2个台风登陆广东(其中1个台风登陆三次，分别是广东、福建和台湾)、1个台风登陆浙江(在浙江不同区域登陆2次)，登陆地点总体偏南。

6. 12月超强台风“雷伊”正面袭击南沙群岛

12月16日08时，第22号台风“雷伊”在菲律宾以东洋面加强为超强台风级，中心最大风力升至17级(58米/秒)，中心最低气压降至925百帕。“雷伊”是历史上直接袭击我国南沙群岛的最强台风，也是影响我国南海最晚的超强台风，具有强度强、移速快、致灾重的特点。

二、影响评价

2021年，影响我国的台风带来了大量降水，对缓解部分地区干旱和高温天气以及增加水库蓄水等十分有利，但台风导致部分地区降水强度大、风力强，造成了一定的人员伤亡和经济损失。2021年台风气候指数为3.7，比常年值(4.5)偏低18.4%，总体上评价，2021年我国台风危害程度偏轻(图2.4.5)。

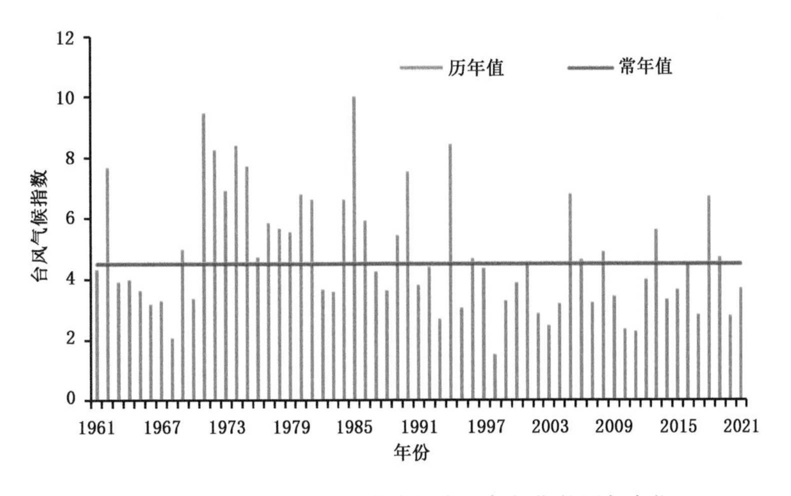

图2.4.5 1961—2021年全国台风气候指数历年变化

据统计，2021年全国共有13个省(区、市)受到台风的影响，受灾近644.0万人，造成4人死亡，农作物受灾面积44.1万公顷，直接经济损失152.6亿元(表2.4.3)。其中死亡人数和直接经济损失均少于1991—2020年平均水平。造成损失较重的主要是“烟花”。总体而言，2021年为台风灾害损失较轻年份。

表 2.4.3　2021 年全国台风主要灾情统计

国内编号及中英文名称	登陆时间	登陆地点	最大风力/级(风速/(米/秒))	受灾地区	受灾人口/万人	死亡人口/人	失踪人口/人	转移安置/万人	倒塌房屋/万间	受灾面积/万公顷	直接经济损失/亿元
2104“小熊”(Koguma)	6 月 12 日	海南陵水	8(20)	海南	0.05	—	—	0.01	—	0.002	0.01
2106“烟花”(In-fa)	7 月 25 日 7 月 26 日	浙江舟山 浙江平湖	12(35) 10(25)	浙江	225.9	—	—	112.8	0.04	10.46	104.2
				安徽	133.5	—	—	1.6	0.01	15.09	13.5
				上海	40.1	—	—	27.0	—	1.57	7.8
				江苏	54.6	—	—	1.1	—	6.16	5.3
				山东	24.8	—	—	0.5	—	2.31	0.7
				河北	1.5	—	—	—	—	0.11	0.3
				辽宁	1.1	—	—	—	—	0.09	0.1
				内蒙古	0.4	—	—	—	—	0.03	0.1
2107“查帕卡”(Cempaka)	7 月 20 日	广东阳江	12(33)	广东	5.0	—	—	0.5	—	0.36	1.6
				广西	1.4	—	—	—	—	0.05	0.2
2109“卢碧”(Lupit)	8 月 5 日 8 月 5 日 8 月 7 日	广东汕头 福建东山 台湾新竹	9(23) 8(20) 8(18)	福建	7.3	1	—	0.9	0.01	0.71	1.3
2114“灿都”(Chanthu)				浙江	48.9	—	—	20.9	—	0.94	5.4
				上海	33.1	—	—	24.6	—	0.87	1.2
				江苏	3.1	—	—	0.1	—	0.05	0.02
2117“狮子山”(Lionrock)	10 月 8 日	海南琼海	8(20)	海南	15.5	1	—	1.1	—	1.16	2.0
				广西	18.0	—	—	—	—	1.68	0.8
				广东	1.3	—	—	—	—	0.05	0.2
2118“圆规”(Kompasu)	10 月 13 日	海南琼海	11(30)	海南	19.0	2	—	6.6	—	1.87	7.4
				广东	7.7	—	—	0.1	—	0.48	0.3
				广西	1.3	—	—	—	—	0.05	0.04
				云南	0.5	—	—	—	—	0.01	0.1
全年合计					644.05	4	—	197.81	0.06	44.10	152.57

注:“—”表示无数据。

2021 年第 6 号台风“烟花”于 7 月 18 日 02 时在西北太平洋洋面上生成,19 日 08 时加强为强热带风暴,21 日 11 时加强为强台风,23 日由强台风级减弱为台风级,25 日 12 时 30 分前后在浙江舟山普陀沿海登陆,登陆时中心附近最大风力有 12 级(35 米/秒),中心最低气压为 968 百帕,26 日 09 时在杭州湾西部减弱为强热带风暴级,随后于 26 日 09 时 50 分在浙江省平湖市沿海再次登陆,登陆时中心附近最大风力 10 级(25 米/秒),中心最低气压为 978 百帕。7 月 26 日 17 时前后移入江苏省苏州市吴江区境内,并减弱为热带风暴,28 日凌晨在安徽境内由热带风暴级减弱为热带低压,尔后经江苏、山东于 30 日早晨移入渤海,逐渐变性为温带气旋。

台风“烟花”为1949年有气象记录以来首个在浙江省两次登陆的台风。它移动速度慢，在我国陆上滞留时间长达95个小时(台风中心风力强度在6级及以上)，为1949年以来最长。

由于台风“烟花”移动速度慢、陆上滞留时间长，使得其对我国中东部沿海地区的风雨影响时间长、累积降雨量大。受其影响，22日08时至28日08时，浙江省平均降雨量191毫米，过程总雨量破浙江登陆台风最大纪录(原记录为0716号台风“罗莎”影响的171毫米)。浙江省单站(余姚大岚镇丁家畈)最大达1034毫米，破登陆台风过程雨量极值(原记录为0414号台风“云娜”影响乐清砩头的916毫米)。“烟花”于24日凌晨至29日上午影响江苏省，致使江苏全省平均过程雨量220.9毫米，已接近常年平均梅雨量，是有记录以来影响江苏过程雨量最大的台风(原记录为6214号台风影响时的144.5毫米)。

台风“烟花”在浙江登陆后，先后影响浙江、上海、江苏、安徽、山东、河南、河北、天津、辽宁等省(市)，中等及以上台风致灾危险性覆盖面积达22.5万千米^2。据应急管理部统计，台风“烟花”共造浙江、上海等地481.9万人受灾，紧急转移安置143万人，直接经济损失132亿元。

第五节　冰雹和龙卷及其影响

2021年，全国共有31个省(区、市)的1831个县(市)次出现冰雹，25个县(市)次出现龙卷，降雹次数比2001—2020年平均值(1589个县次)偏多。受冰雹、龙卷等强对流天气影响，全国累积1711.5万人次受灾，129人死亡和失踪；4900间房屋倒塌，23.5万间房屋不同程度损坏；农作物受灾面积271.2万公顷，其中绝收面积20.6万公顷；直接经济损失268.7亿元。与2007—2020年平均值相比，2021年全国因强对流天气造成的受灾人口、受灾面积和直接经济损失均偏少，倒损房屋数明显偏少。其中湖北、河南、辽宁、江西、新疆等省(区)灾情较为严重。

一、基本特征

1. 冰雹

(1)降雹次数偏多。2021年，全国31个省(区、市)均有冰雹天气发生。据统计，共有1831个县(市)次出现冰雹，降雹次数比2001—2020年平均值(1589个县次)偏多。

(2)初雹时间偏晚，终雹时间也偏晚。2021年，全国最早一次冰雹天气出现在3月6日(福建省福州(仓山、晋安、鼓楼、台江、闽侯、闽清)和三明(尤溪、永安))，初雹时间较常年(平均出现在2月上旬)偏晚；最晚一次冰雹天气出现在12月31日(云南省普洱市孟连傣族拉祜族佤族自治县)，终雹时间较常年(平均出现在11月中旬)偏晚。

(3)降雹主要集中在春季和夏季。从降雹的季节分布来看，2021年夏季出现冰雹最多，共有937个县(市)次，占全年降雹总次数的51.2%；春季降雹次多，共有718个县(市)次，占全年的39.2%；春夏两季共有1655个县(市)次降雹，占全年的90.4%。秋季共有170个县(市)次降雹，占全年的9.3%；冬季只有6个县(市)次降雹，仅占全年的0.3%。

从各月降雹情况看，2021年5月最多，共557个县(市)次降雹，占全年的30.4%；7月次多，363个县(市)次降雹，占全年的19.8%；6月、8月、9月分居第三、第四、第五位，分别有340个县(市)次、234个县(市)次、143个县(市)次降雹，各占全年的18.6%、12.8%、7.8%。

(4)华北、西南、西北等地降雹较多。2021年，我国降雹较多的是华北、西南、西北等地。从各省(区、市)分布来看，云南最多，降雹136县(市)次；江西次多，降雹131县(市)次；内蒙古居第三位，降雹 121 县(市)次；甘肃居第四位，降雹 106 县(市)次，河北 105 县(市)次、山西 102 县(市)次、山东 99 县(市)次、河南 99 县(市)次、贵州 94 县(市)次、陕西 80 县(市)次、辽宁 77 县(市)次、新疆 74 县(市)次、吉林 73 县(市)次、安徽 61 县(市)次等省(区)降雹均超过 60 县次，局部受灾较重。

2. 龙卷

(1)发生次数明显偏少。2021 年，全国有 13 个省(区、市)的 25 个县(市、区)发生了龙卷(表 2.5.1)，龙卷出现次数较 2001—2020 年平均次数(每年 50 个县次)明显偏少。

表 2.5.1　2021 年全国龙卷简表

发生时间	发生地点
5 月 5 日	黑龙江鸡西市小恒山区
5 月 10 日	湖北武汉市青山区
5 月 14 日	湖北黄冈市黄梅县、武汉市蔡甸区奓山片、武汉经济技术开发区
5 月 14 日	江苏苏州市吴江区
5 月 17 日	湖南娄底市新化县
5 月 20 日	河南漯河市临颍县
5 月 27 日	宁夏银川市灵武市
5 月 31 日	云南文山壮族苗族自治州广南县
6 月 1 日	黑龙江哈尔滨市尚志市
6 月 25 日	内蒙古锡林郭勒盟太仆寺旗
6 月 25 日	河北张家口市沽源县
7 月 11 日	山东聊城市莘县、高唐县、东营市东营区
7 月 13 日	内蒙古呼伦贝尔市扎兰屯市
7 月 31 日	河北保定市清苑区
8 月 10 日	山东滨州市沾化区
8 月 25 日	辽宁葫芦岛市龙港区
9 月 8 日	辽宁锦州市义县
9 月 8 日	内蒙古通辽市科尔沁左翼中旗、通辽市科尔沁区
9 月 10 日	海南万宁市
9 月 19 日	青海海南藏族自治州共和县

(2)主要发生在春、夏季。从 2021 年龙卷的季节分布来看，春、夏两季最多，均出现龙卷 10 县(市、区)次，占全年总数的 80.0%；秋季出现 5 县(市、区)次，占全年的 20.0%；冬季未出现龙卷。从月际分布来看，5 月龙卷最多，发生 10 县(市、区)次，占全年的 40.0%；7 月、9 月各发生 5 县(市、区)次，各占全年的 20.0%；6 月发生 3 县(市、区)次，占全年的 12.0%；8 月发生 2 县(市、区)次，占全年的 8.0%；其他月份未发生龙卷。

(3)湖北、山东、内蒙古发生最多。从 2021 年龙卷发生的地区分布来看，湖北、山东、内蒙古最多，各发生 4 县(市、区)次，分别占全国龙卷总数的 16.0%；河北、辽宁、黑龙江次之，各发生 2 县(市、区)次，分别占全国龙卷总数的 8.0%；江苏、湖南、河南、宁夏、云南、海南、青海各有 1 个县(市、区)次，分别占全国龙卷总数的 4.0%；全国其他地区未发生龙卷。

二、灾情特征

1. 全国灾情

2021 年，全国因冰雹与龙卷等强对流天气灾害共造成 1711.5 万人次受灾，129 人死亡；4900 间房屋倒塌，23.5 万间房屋不同程度损坏；农作物受灾面积 271.2 万公顷，其中绝收面积 20.6 万公顷；直接经济损失 268.7 亿元。2021 年全国强对流天气造成的直接经济损失较 2007—2020 年平均值(301.9 亿元)偏少，所有灾情指标均比 2007—2020 年平均值偏少(图 2.5.1)。

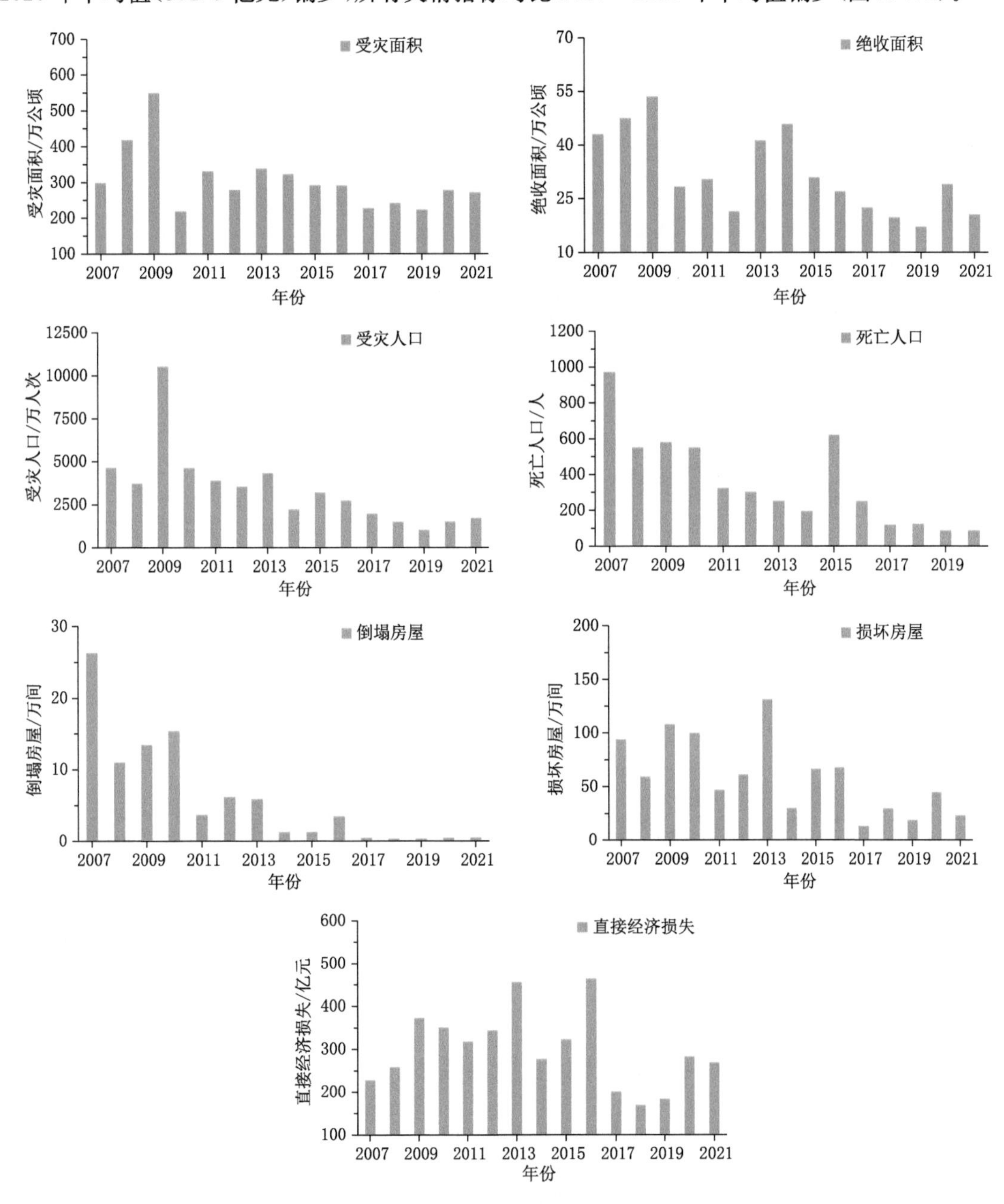

图 2.5.1 2007—2021 年全国强对流天气灾情指标

2. 各省(区、市)灾情

从 2021 年各省(区、市)灾情来看(图 2.5.2),2021 年因冰雹与龙卷等强对流天气灾害受灾面积较大的省(区)为内蒙古、新疆、河南,分别为 42.2 万公顷、38.5 万公顷、30.1 万公顷;绝收面积较大的省(区)为新疆、陕西、内蒙古,分别为 6.5 万公顷、2.2 万公顷、1.9 万公顷;受灾人口较多的省为河南、陕西、湖北,分别为 384.0 万人、142.9 万人、136.6 万人;死亡人口较多的省为江苏、河南、湖北,分别为 32 人、18 人、12 人;倒塌房屋较多的省为湖北、山东、山西,分别为 0.16 万间、0.10 万间、0.08 万间;损坏房屋较多的省为贵州、湖北、江西,分别为 5.5 万间、3.3 万间、2.8 万间;直接经济损失较大的省(区)为陕西、辽宁、内蒙古,分别为 40.8 亿元、26.6 亿元、21.7 亿元。

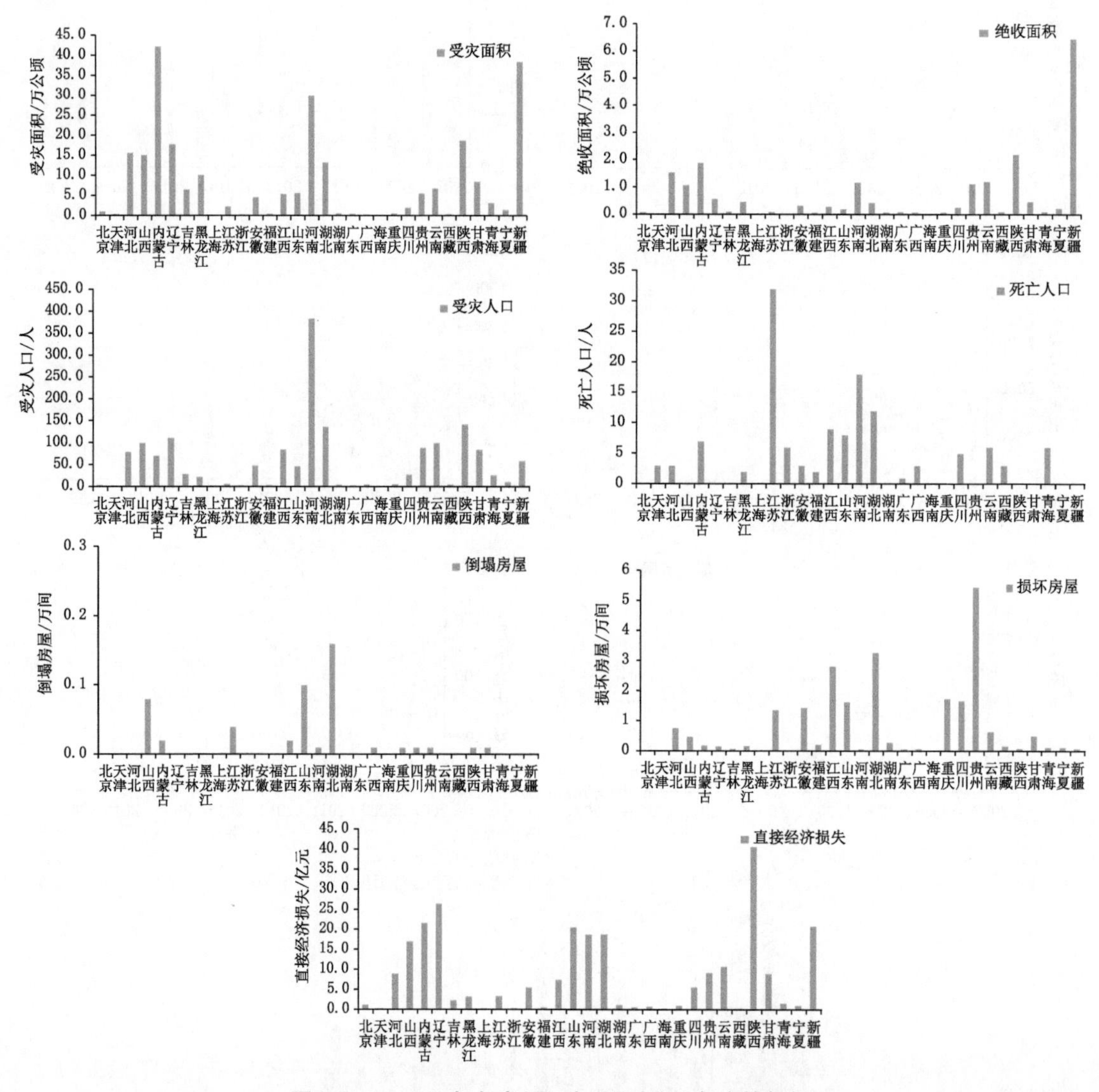

图 2.5.2 2021 年各省(区、市)强对流天气灾情指标

考虑受灾面积、绝收面积、受灾人口、死亡人口、倒塌房屋、损坏房屋、直接经济损失 7 个灾情指标,定义各省(区、市)灾情综合指数为各省(区、市)各灾情指标占全国比重(单位取%)之

和。2021 年的计算结果如图 2.5.3 所示，可以看出，受灾最为严重的为湖北，之后依次为河南、辽宁，灾情综合指数分别为 88.1、62.5、59.9。江苏死亡人口占全国比重为最大，为 24.8%；湖北倒塌房屋数占全国比重为 32.7%。另外，新疆受灾也较为严重，绝收面积占全国比重最大。

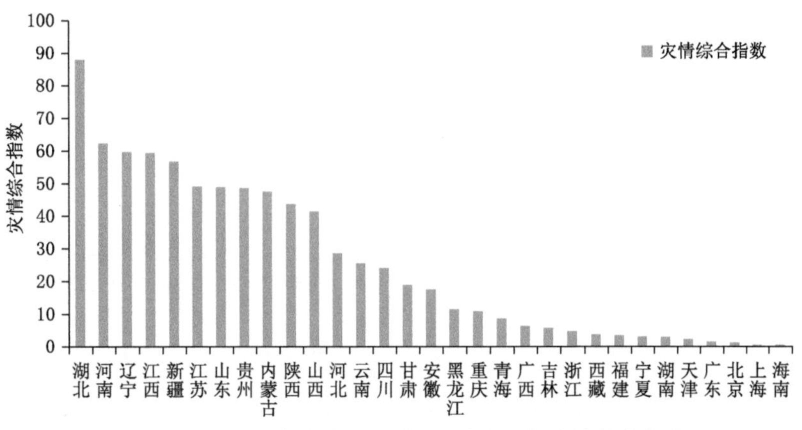

图 2.5.3 2021 年各省(区、市)强对流天气灾情综合指数

三、主要事件及影响

2021 年全国主要冰雹和龙卷事件见附录 B。

第六节 低温冷害和雪灾及其影响

2021 年发生并影响我国的冷空气过程有 29 次(含寒潮过程 11 次)，较常年次数偏多。1 月上旬和 11 月上旬的全国型寒潮天气过程降温幅度大、极端性强、影响范围广，造成多地出现低温冷害和雪灾。全年低温冷害和雪灾占全国气象灾害总受灾面积的 3%。

一、基本特征

2021 年，全国平均霜冻日数(日最低气温≤2 ℃)110.5 天，较 1981—2010 年平均偏少约 11.1 天，为 1961 年以来最少(图 2.6.1)。

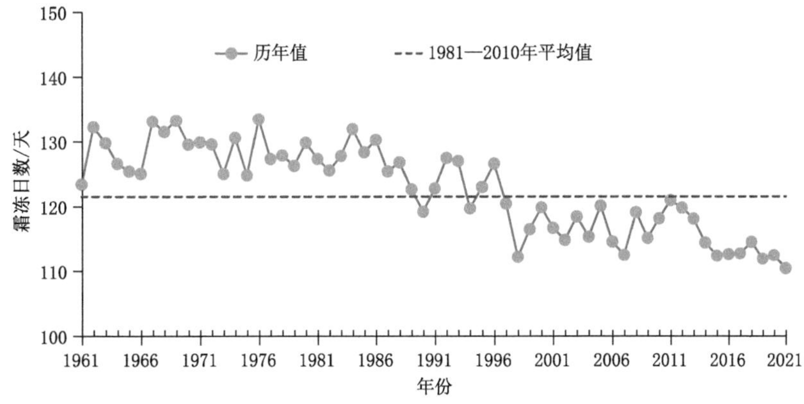

图 2.6.1 1961—2021 年全国平均霜冻日数历年变化

2021 年，全国平均降雪日数为 13.8 天，比 1981—2010 年平均偏少 12.4 天，为 1961 年以来第五少（图 2.6.2）。

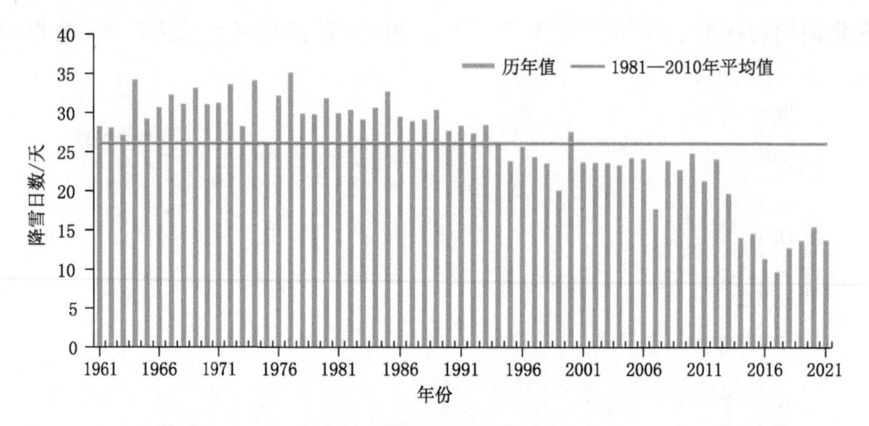

图 2.6.2　1961—2021 年全国平均年降雪日数历年变化

2021 年，全国降雪日数分布图显示，新疆北部、青海和西藏大部、四川西部、甘肃和宁夏大部、陕西南部、内蒙古北部和中部、东北大部和华北北部及中部局部、山东东北部和贵州西部部分地区降雪日数在 10～60 天，其中西藏北部、青海南部、四川西部、新疆西部、内蒙古北部部分地区 60～80 天，局部地区 80 天以上。与常年相比，全国大部分地区降雪日数以偏少为主，西藏东部至青海南部、四川西北部部分地区、新疆西部和北部、内蒙古东北部、黑龙江北部和中部、吉林东部等地偏少 20～50 天，西藏东部、青海南部和四川西部部分地区偏少 50 天以上（图 2.6.3）。

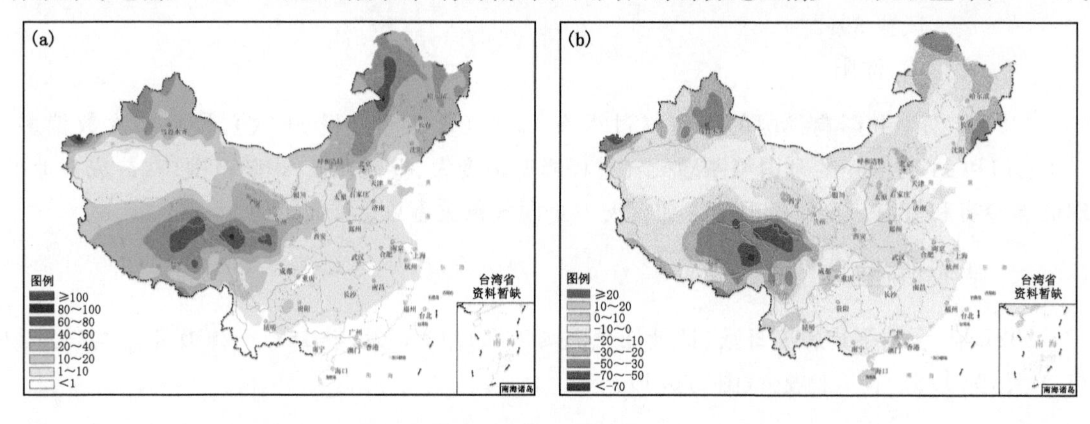

图 2.6.3　2021 年全国降雪日数（a）及距平（b）分布（单位：天）

二、低温冷害和雪灾主要事件及其影响

2021 年有 11 次寒潮过程影响我国，较常年同期明显偏多，其中 1 月上旬和 11 月上旬的全国型寒潮过程降温幅度大、极端性强、影响范围广。受寒潮过程影响，多地出现低温冷害和雪灾。

1. 1 月上旬强寒潮降温幅度大、影响范围广

1 月 6—8 日，我国中东部地区出现寒潮天气过程。西北地区东部、华北大部、东北地区中西部、黄淮、江淮、江南、华南等地降温幅度有 6～12 ℃，其中河北东部、山东中部和河南北部降

温幅度达 12～16 ℃，北京、河北、山东、山西等地最低气温达到或突破建站以来历史极值，北京大部地区最低气温在－24～－18 ℃，南郊观象台最低气温达－19.6 ℃，为 1951 年以来第三低；东北地区南部、华北大部、黄淮、江淮及内蒙古中东部等地部分地区出现 6～8 级阵风，局地 9～10 级；辽宁大连、山东半岛等地出现中到大雪、局地暴雪，四川、湖北、湖南、贵州、安徽、浙江、江西等地出现雨雪天气，贵州、湖南、福建局地出现冻雨。低温、雨雪、大风天气不利于东北地区及内蒙古东部、新疆北部等地畜牧业和设施农业生产，同时还造成道路结冰，给交通带来不利影响。

2. 11 月强寒潮过程极端性强、影响范围广，造成多地出现雪灾和低温冷害

11 月出现 2 次全国型寒潮和 1 次强冷空气过程，造成黑龙江、吉林、辽宁、内蒙古、甘肃、宁夏、山西、河北、山东等多地出现雪灾和低温冷害。寒潮过程带来的强降温、大风和降雪天气给东北、华北、黄淮、西北东部等地农业、畜牧业、交通、电力以及居民生活带来不利影响。

11 月 4—9 日出现全国型寒潮天气过程，综合强度达到历史第四高，造成我国中东部及西北大部地区大幅降温 8～16 ℃，部分地区超过 16 ℃，有 429 个国家级气象站达到或超过极端日降温阈值，其中 116 个国家级气象站降温幅度达到或超过历史极值，有 166 个国家级气象站日最低气温创 11 月上旬历史同期最低。华北北部和东部、内蒙古东部、吉林西部、辽宁西部等地普降暴雪大暴雪，积雪深度超过 10 厘米，局地有 30～50 厘米，黑龙江、吉林、辽宁等地还出现了冻雨天气。北京初雪日（11 月 6 日）较常年偏早 23 天，为 1961 年以来历史第六早。东北、华北、黄淮等地有 151 个国家级气象站日降水量突破 11 月历史极值。黑龙江、内蒙古、河北、北京、天津、山东、河南等地出现强风天气，呼和浩特最大风速 25.2 米/秒（10 级），河南平顶山瞬时极大风速 39.2 米/秒（13 级）。寒潮给北方部分地区农业、交通、电力以及居民生活等造成较大影响，沈阳、长春、天津、济南等多地中小学停课。

寒潮和强冷空气过程造成东北地区中西大部至内蒙古东部地区 11 月降雪日数明显偏多、积雪偏深，其中黑龙江中部、吉林西部和辽宁西北部部分地区月平均积雪深度达 10～25 厘米，较常年同期明显偏深 10～20 厘米。多地出现雪灾和低温冷害。

11 月 5—6 日，内蒙古部分地区出现强降雪天气，造成鄂尔多斯市杭锦旗、通辽市扎鲁特旗、锡林郭勒盟阿巴嘎旗 30 余人遭受雪灾，农作物受灾面积 3 公顷，直接经济损失近 100 万元。

11 月 6—7 日，甘肃定西、张掖、酒泉 3 市 4 个县（市、区）5500 余人遭受雪灾，农作物受灾面积 1.3 千公顷，直接经济损失 800 余万元。

11 月 6—7 日，山西忻州、大同、朔州 3 市 6 个县（区）200 余人遭受雪灾，直接经济损失 800 余万元。

11 月 6—8 日，山东出现大范围雨雪天气，平均降水量达 34.8 毫米，过程最大降水量出现在垦利（76.6 毫米），垦利、利津（67.2 毫米）等 31 个国家级气象站日降水量突破本站 11 月历史极值；德州最大积雪深度 20 厘米，夏津（19 厘米）、陵城（18 厘米）、平原（17 厘米）、齐河（15 厘米）4 个国家级气象站积雪深度达到或突破本站历史极值。

11 月 7 日，河北张家口市蔚县、怀安县 200 余人遭受雪灾，直接经济损失 100 余万元。

11 月 7—9 日，辽宁 39 个国家级气象站出现特大暴雪，最大降雪量、最大小时降雪量和最大积雪深度均在鞍山站（分别为 80.3 毫米、10.6 毫米和 53 厘米），沈阳、鞍山、本溪、锦州、营口、阜新、辽阳、朝阳、盘锦、葫芦岛等 25 个国家级气象站积雪深度超突破 1951 年以来历史最大积雪深度。根据《辽宁省气象灾害评估方法》(DB21/T 1454.6—2010),评估此次为一级暴雪灾害,属最严重级别。

11月8日,吉林松原、四平、长春3市5个县(市、区)近100人受灾,部分农业大棚、畜牧业棚舍因暴雪、积雪倒损,直接经济损失200余万元。

11月8—9日,黑龙江绥化、伊春、大庆、哈尔滨、鹤岗等8市30个县(市、区)800余人受灾,部分电路受损造成停运,直接经济损失近900万元。

11月19日,宁夏固原市隆德县近1100人遭受低温冷害;农作物受灾面积500余公顷,其中绝收面积500余公顷;直接经济损失近1000万元。

11月21—23日,辽宁东部、吉林中东部和黑龙江中东部出现雨或雨夹雪转小到中雪,其中吉林东部和黑龙江东部出现大到暴雪,吉林延边、黑龙江鸡西和牡丹江等局地大暴雪。11月下旬黑龙江省平均最大积雪深度为18.3厘米,比常年偏多12.5厘米,为1961年以来历史同期第二多。伊春大部、三江平原大部、逊克、北安、海伦、绥化市区、木兰、穆棱最大积雪深度在20厘米以上(嘉荫为53厘米)。伊春北部、逊克、同江、抚远积雪深度较常年同期偏多30厘米以上。11月22—24日,黑龙江省双鸭山、哈尔滨、伊春、鹤岗、鸡西5市6个县(市、区)近100人遭受雪灾,直接经济损失200余万元。

3. 2月下旬河南、山西、陕西等地遭受雪灾

2021年2月24—28日,西北地区东部、华北、黄淮等地出现2次明显雨雪过程(24—26日、27—28日)。其中陕西中南部、山西南部、河北南部、河南、山东、江苏、安徽、湖北等地降水量为25~50毫米,河南北部和东南部、山东西南部的部分地区达60~80毫米。受降雪影响,河南、山西、陕西、山东、河北、内蒙古多地遭受雪灾,其中河南受灾较重。

河南:2月25日至3月1日,开封、焦作、南阳等8市38个县(市、区)3.6万人遭受雪灾;农作物受灾面积1.4千公顷,其中绝收面积近200公顷;直接经济损失1.8亿元。

陕西:2月24—26日,韩城市1.6万人遭受雪灾,农作物受灾面积1.7千公顷,直接经济损失2700余万元。

山西:2月24—27日,运城、长治、晋城、临汾4市10个县(市、区)300余人遭受雪灾,直接经济损失1200余万元。

河北:2月25—28日,邯郸市馆陶县、永年区、临漳县、肥乡区1800余人受灾,农作物受灾面积100余公顷,直接经济损失300余万元。

山东:2月25—27日,泰安、济宁、聊城、菏泽4市7个县(区)1000余人遭受雪灾,直接经济损失300余万元。

内蒙古:2月28日至3月1日,巴彦淖尔市乌拉特前旗1400余人遭受雪灾,直接经济损失100余万元。

第七节　高温及其影响

2021年,我国共出现9次区域性高温天气过程,比常年(4次)偏多5次,为1961年以来最多,高温过程结束时间晚。夏季,高温覆盖范围广,全国平均高温(日最高气温≥35 ℃)日数9.1天,比常年同期偏多2.2天。夏季,我国西北地区东部和西南地区极端高温事件偏多,其中7月下旬至8月上旬高温极端性强,多地突破历史极值。持续高温天气导致江南、华南以及新疆等地农作物生长受到影响，陕西、河南、湖南、四川多地电力供应形势趋紧。

一、基本特征

2021 年夏季，我国高温（日最高气温≥35 ℃）日数为 9.1 天，比常年同期偏多 2.2 天（图 2.7.1）。黄淮中部、江汉大部、江南、华南大部及重庆大部、四川东南部、新疆东部和南部、内蒙古西部等地高温日数有 10～30 天，湖南、江西、福建、广东、广西、海南、内蒙古及新疆等地的部分地区超过 30 天（图 2.7.2a）。与常年同期相比，华南大部、江南中西部、黄淮西部、华北西南部、西北地区北部局部地区及四川东部等地高温日数偏多 5～10 天，华南西部及湖南中南部、江西南部偏多 10 天以上（图 2.7.2b）。广西（25.5 天）、宁夏（7.1 天）夏季高温日数为 1961 年以来历史同期最多，海南（25.3 天）、湖南（33.0 天）为次多。夏季，全国共有 50 站日最高气温突破历史极值，其中 33 站出现在南方。

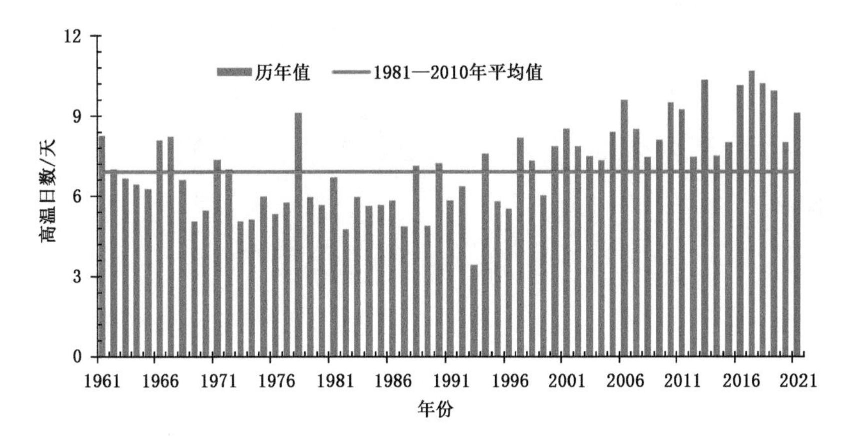

图 2.7.1　1961—2021 年全国夏季高温日数历年变化

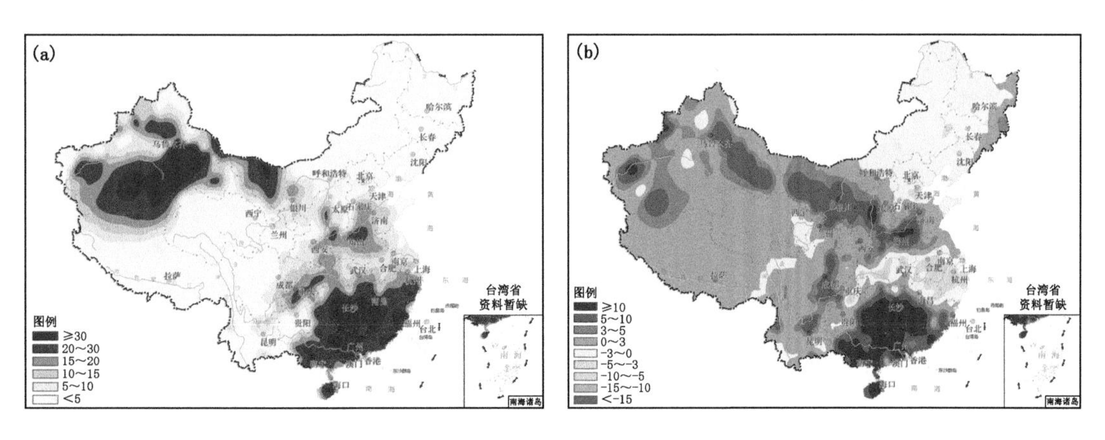

图 2.7.2　2021 年全国夏季高温日数(a)及其距平(b)分布(单位:天)

1. 高温过程多，7 月下旬至 8 月上旬高温极端性强

2021 年，我国高温过程多，年内发生区域性高温过程 9 次，比常年（4 次）偏多 5 次，为 1961 年以来最多。其中，7 月 20 日至 8 月 9 日，西北地区西部和东部、华北西南部、黄淮西部、江淮西部、江汉大部、江南大部、华南大部及重庆、四川东部、贵州东部等地出现高温天气过程，

极端最高气温普遍有 35～40 ℃，其中新疆南部、内蒙古西部、重庆西部等地超过 40 ℃，新疆托克逊达 46.5℃(图 2.7.3)。四川富顺(41.5 ℃)、陕西米脂(40.6 ℃)、陕西宜川(40.6 ℃)等 38 个国家站日最高气温破历史极值。

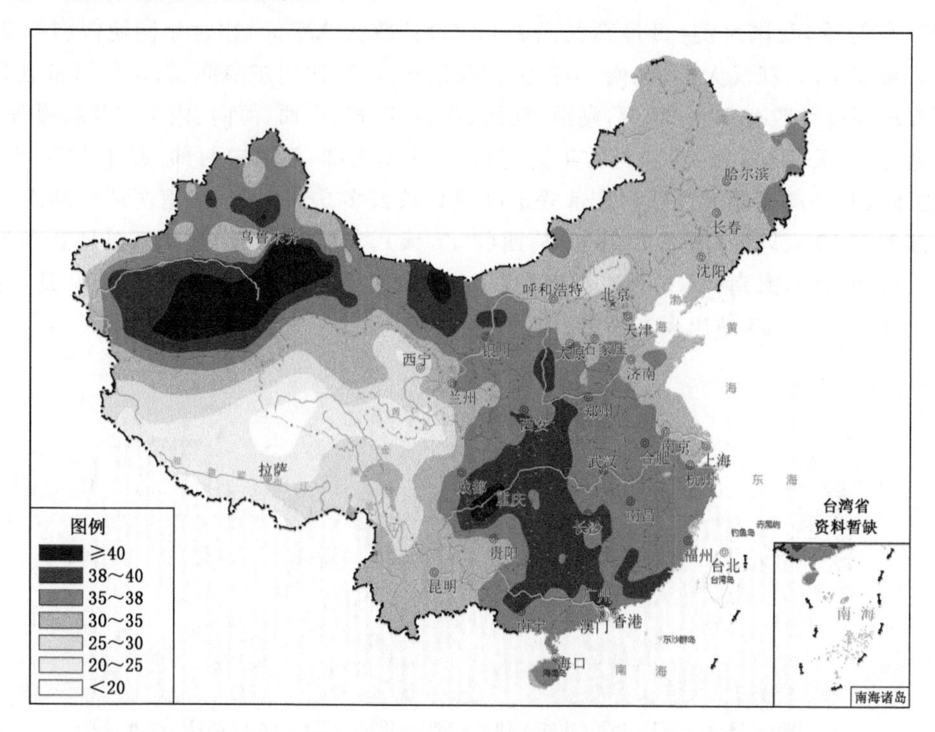

图 2.7.3　2021 年 7 月 20 日至 8 月 9 日全国极端最高气温分布(单位:℃)

2. 高温过程结束时间晚

9 月 17 日至 10 月 5 日，南方出现 1961 年以来最晚高温过程，结束时间较常年(8 月 30 日)偏晚 36 天。黄淮西南部、江汉东部、江淮西部、江南大部、华南大部及重庆等地极端最高气温普遍有 35～38 ℃，其中云南元阳达 39.9 ℃。湖南南部、江西南部、广西东北部等地高温日数达 12～15 天，局部地区高温过程天数达 15 天以上；江南大部、华南中部和东部高温日数较常年同期偏多 5～10 天，其中湖南南部、江西南部、广东北部部分地区、广西东北部等地高温日数较常年同期偏多 10 天以上。

二、主要过程及其影响

2021 年，我国共出现 9 次较大范围的高温天气过程，具体为：6 月 4—8 日、6 月 14—21 日、6 月 19—24 日、6 月 26—30 日、7 月 3—18 日、7 月 20 至 8 月 9 日、8 月 19 日至 9 月 6 日、9 月 9—15 日、9 月 17 日至 10 月 15 日。其中 7 月 20 日至 8 月 9 日高温天气过程的极端性强，持续时间长，影响最为严重，对全国南方多地作物生长和用电负荷产生了不利影响。

1. 高温对人体健康的影响

2020 年夏季，中国中东部大部分地区热指数达危险和极端危险的日数在 30 天以上，其中黄淮中南部、江淮大部、江汉东南部、江南、华南及重庆东南部、四川东南部等地有 50～70 天，湖南东南部、江西中南部、福建大部、广东大部、广西中东部、海南等地超过 70 天(图 2.7.4)。

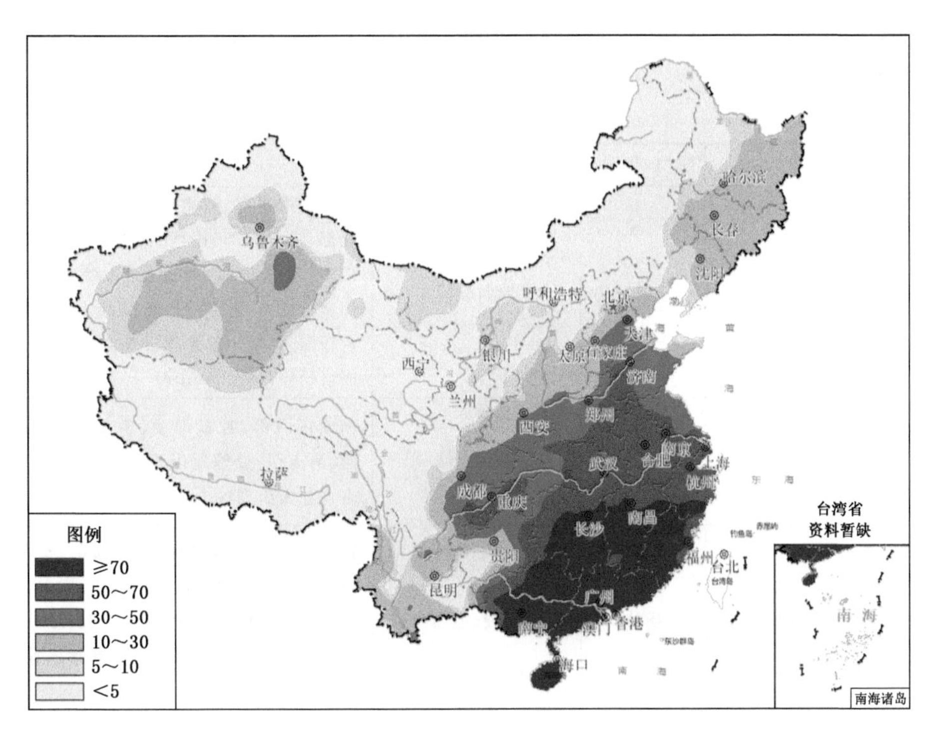

图 2.7.4　2021 年夏季热指数达到危险和极端危险日数分布(单位:天)

2. 高温对农业的影响

7 月以来持续高温给南方部分省份农业带来一定不利影响。其中,7 月,江南、华南晴热少雨,导致处于灌浆乳熟期的早稻出现“高温逼熟”,影响品质和产量。华南大部分高温对晚稻秧苗生长不利。9 月,江南南部、华南东北部持续高温少雨,导致部分晚稻发育进程加快,灌浆不充分,抽穗期偏晚的晚稻授粉结实受到一定影响。

3. 高温对能源的影响

2021 年夏季,全国大部地区平均气温较常年同期偏高,降温耗能相应也较常年同期偏高。据相关部门统计,2021 年夏季全国用电量为 22398 亿千瓦时,同比增长 7.6%,其中 6 月、7 月和 8 月用电量分别为 7033 亿千瓦时、7758 亿千瓦时和 7607 亿千瓦时,分别较 2020 年同期增长 9.8%、12.8%和 3.6%。

第八节　沙尘天气及其影响

2021 年,全国共出现了 13 次沙尘天气过程,9 次出现在春季(3—5 月)。2021 年春季我国北方沙尘过程总次数较 2000—2020 年历史同期平均(10.8 次)偏少;沙尘首发时间较 2000—2020 年偏早,较 2020 年偏早 34 天;沙尘日数为 2007 年以来最多。

一、北方沙尘天气主要特征

2021 年,全国共出现了 13 次沙尘天气过程,9 次出现在春季(3—5 月)(表 2.8.1)。春季的 9 次沙尘过程中,有 2 次强沙尘暴、2 次沙尘暴和 5 次扬沙天气过程。2021 年春季沙尘天气过程总次数比常年(1981—2010年)同期(17次)偏少8次，较2000—2020年同期平均(10.8次)偏少1.8次(表2.8.2)。

表2.8.1　2021年全国主要沙尘天气过程纪要表(中央气象台提供)

序号	起止时间	过程类型	主要影响系统	影响范围
1	1月10—16日	扬沙	地面冷锋	内蒙古中西部、甘肃中北部、青海北部、宁夏中北部、陕西北部、山西、河北、北京、天津、河南、山东、江苏北部、安徽北部、湖北中部、湖南北部、江西西北部等地出现扬沙或浮尘天气，内蒙古西部、甘肃中部的部分站点出现沙尘暴，其中额济纳旗出现强沙尘暴
2	1月27—28日	扬沙	地面冷锋	内蒙古西部、甘肃河西、宁夏、陕西中北部、山西、河南、安徽等地出现扬沙或浮尘天气，内蒙古吉兰太出现沙尘暴
3	2月26—28日	扬沙	蒙古气旋、地面冷锋	新疆东部和南疆盆地，青海北部、甘肃、内蒙古西部和东部、宁夏、辽宁中西部、吉林中西部、黑龙江西部等地的部分地区出现扬沙或者浮尘天气，新疆南疆盆地东部、青海柴达木盆地的部分地区出现沙尘暴
4	3月13—18日	强沙尘暴	蒙古气旋、地面冷锋	新疆东部和南疆、甘肃大部、青海东北部及柴达木盆地、内蒙古大部、宁夏、陕西、山西、北京、天津、河北、黑龙江中西部、吉林中西部、辽宁中部、山东、河南、江苏中北部、安徽中北部、湖北西部等地出现大范围扬沙或浮尘天气，其中，内蒙古中西部、甘肃西部、宁夏、陕西北部、山西北部、河北北部、北京、天津等地出现了沙尘暴，内蒙古中西部、宁夏、陕西北部、山西北部、河北北部、北京等地部分地区出现强沙尘暴
5	3月19—21日	扬沙	地面冷锋	新疆南疆、内蒙古中西部、甘肃、青海北部、宁夏、陕西中北部、山西、河北中南部、河南、安徽北部、湖北中部、湖南北部有扬沙或浮尘天气
6	3月27日至4月1日	强沙尘暴	蒙古气旋、地面冷锋	新疆东部和南疆盆地、青海北部、甘肃大部、宁夏、内蒙古中西部、黑龙江西南部、吉林、辽宁、陕西大部、山西、北京、天津、河北、河南、山东、湖北北部、安徽北部、江苏、上海、浙江北部、等地出现扬沙或浮尘天气，内蒙古中部、陕西北部、河北西北部的部分地区出现沙尘暴，内蒙古中部出现强沙尘暴
7	4月14—16日	沙尘暴	蒙古气旋、地面冷锋	新疆东部和南疆盆地、青海北部、甘肃北部、宁夏、内蒙古大部、黑龙江西南部、吉林西部、辽宁西北、陕西北部、山西、北京、天津、河北、河南、山东、安徽北部、江苏北部等地出现扬沙和浮尘天气，内蒙古中西部局地出现沙尘暴

续表

序号	起止时间	过程类型	主要影响系统	影响范围
8	4月25—27日	扬沙	蒙古气旋、地面冷锋	新疆南疆盆地、青海东北部、内蒙古大部、甘肃河西、陕西北部局地、宁夏、山西北部局地、河北北部和中部局地、山东中北部、黑龙江西部局地、吉林西部等地出现扬沙或浮尘天气，内蒙古西部、甘肃中部的部分地区出现沙尘暴
9	5月1—3日	扬沙	地面冷锋	新疆东部和南疆盆地、青海西北部、内蒙古西部、甘肃中部、宁夏北部、陕西北部、山西北部出现扬沙或浮尘天气，新疆南疆盆地的部分地区出现沙尘暴，于田、且末出现强沙尘暴
10	5月6—8日	沙尘暴	蒙古气旋、地面冷锋	新疆南疆盆地西部、内蒙古中西部和东南部、宁夏、陕西中北部、山西、河北、北京、天津、山东、河南、安徽北部、江苏、上海、辽宁等地有扬沙或浮尘天气，其中内蒙古西部和东南部的部分地区有沙尘暴，局地有强沙尘暴
11	5月11—12日	扬沙	地面冷锋	新疆南疆盆地、青海西北部、内蒙古西部、甘肃河西的部分地区出现扬沙或浮尘天气，新疆南疆盆地的部分地区出现沙尘暴，铁干里克、塔中出现强沙尘暴
12	5月22—24日	扬沙	地面冷锋	内蒙古中西部、宁夏、山西北部、河北、北京、天津、山东中北部有扬沙或浮尘天气，内蒙古中部出现沙尘暴
13	11月5—6日	沙尘暴	地面冷锋	新疆东部和南疆盆地、甘肃中西部、内蒙古西部、宁夏、陕西中北部等地出现扬沙或浮尘，新疆南疆盆地部分地区出现沙尘暴，若羌、塔中、十三间房出现强沙尘暴

表 2.8.2　2000—2021 年全国春季(3—5 月)及各月沙尘天气过程统计(单位:次)

时间	3月	4月	5月	总计
2000年	3	8	5	16
2001年	7	8	3	18
2002年	6	6	0	12
2003年	0	4	3	7
2004年	7	4	4	15
2005年	1	6	2	9
2006年	5	7	6	18
2007年	4	5	6	15
2008年	4	1	5	10
2009年	3	3	1	7
2010年	8	5	3	16

续表

时间	3月	4月	5月	总计
2011年	3	4	1	8
2012年	2	6	2	10
2013年	3	2	1	6
2014年	2	3	2	7
2015年	5	3	3	11
2016年	3	3	2	8
2017年	2	2	2	6
2018年	3	5	2	10
2019年	1	4	5	10
2020年	4	1	2	7
2021年	3	2	4	9
2000—2020年总计	76	90	60	226
2000—2020年平均	3.6	4.3	2.9	10.8

1. 春季沙尘过程较2000年以来历史同期略偏少

2021年春季(3—5月),全国共出现9次沙尘天气过程(5次扬沙,2次沙尘暴,2次强沙尘暴),较常年同期(17次)明显偏少,也少于2000—2020年同期平均(10.8次)(表2.8.2)。其中沙尘暴(包括强沙尘暴)过程有4次,较2000—2020年同期平均次数(5.6次)偏少1.6次,较2020年同期偏多2次(图2.8.1)。9次沙尘天气过程中3月出现了3次沙尘天气过程,接近2000—2020年同期平均(3.6次);4月发生了2次沙尘天气过程,较2000—2020年同期平均(4.3次)偏少2.3次;5月沙尘天气过程数为4次,较2000—2020年同期平均(2.9次)偏多1.1次,具有前少后多的特点(表2.8.2)。

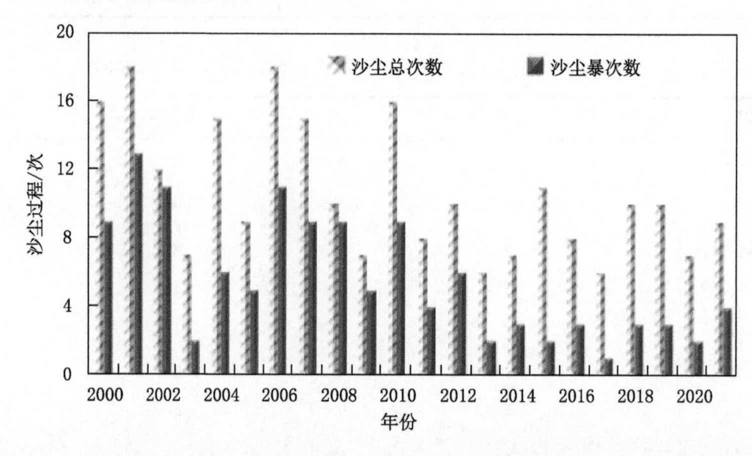

图2.8.1 2000—2021年春季全国沙尘天气过程次数及沙尘暴过程次数历年变化

2. 沙尘首发时间较常年偏早

2021年,全国首次沙尘天气过程发生在1月10日,较2000—2020年平均首发时间(2月

17 日)偏早 38 天,较 2020 年(2 月 13 日)偏早 34 天,首发时间为 2002 年以来最早(表 2.8.3)。

表 2.8.3 2000—2021 年全国历年沙尘天气最早发生时间

年份	最早发生时间	年份	最早发生时间
2000	1 月 1 日	2011	3 月 12 日
2001	1 月 1 日	2012	3 月 20 日
2002	3 月 1 日	2013	2 月 24 日
2003	1 月 20 日	2014	3 月 19 日
2004	2 月 3 日	2015	2 月 21 日
2005	2 月 21 日	2016	2 月 18 日
2006	2 月 20 日	2017	1 月 25 日
2007	1 月 26 日	2018	2 月 8 日
2008	2 月 11 日	2019	3 月 19 日
2009	2 月 19 日	2020	2 月 13 日
2010	3 月 8 日	2021	1 月 10 日

3. 沙尘日数为 2007 年以来最多

2021 年春季,全国北方平均沙尘日数为 3.8 天,较常年(1981—2010 年)同期(5.0 天)偏少 1.2 天,比 2000—2020 年同期(3.5 天)略偏多,为 2007 年以来最多(图 2.8.2)。平均沙尘暴日数为 0.5 天,分别比常年同期(1.1 天)和比 2000—2020 年同期(0.6 天)偏少 0.6 天和 0.1 天(图 2.8.3)。

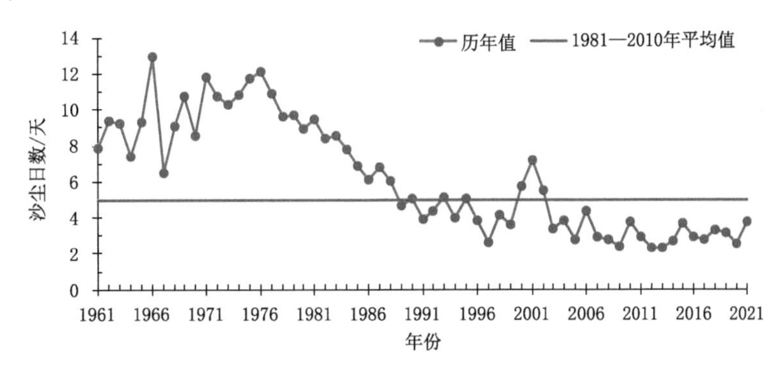

图 2.8.2 1961—2021 年春季(3—5 月)全国北方沙尘(扬沙以上)日数历年变化

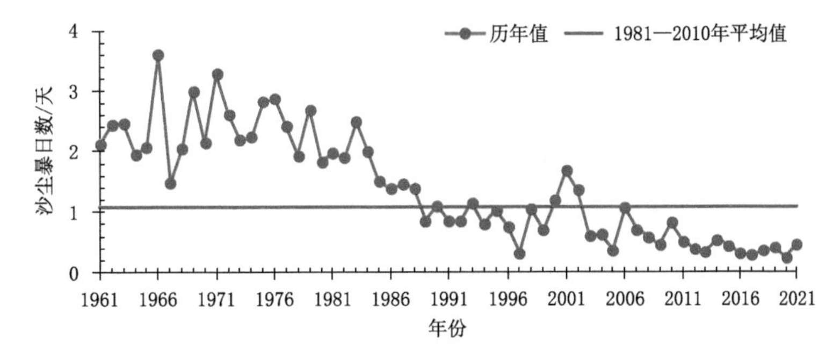

图 2.8.3 1961—2021 年春季(3—5 月)全国北方沙尘暴日数历年变化

从空间分布来看，2021年春季沙尘天气范围主要集中于西北大部、内蒙古大部、华北、东北中西部等地，其中新疆南疆盆地、内蒙古西部和中部的部分地区沙尘日数超过了10天，南疆盆地大部、内蒙古西部的部分地区沙尘天气日数在20天以上，局地超过30天；东北西部和中部及内蒙古中部和东部、新疆北部、青海大部、甘肃大部、宁夏、陕西北部、山西、河北、河南北部、山东西北部等地沙尘日数为1～10天（图2.8.4）。与常年同期相比，北方大部地区接近常年同期或偏少，其中新疆西南部和东南部、青海西北部、内蒙古中部、甘肃中部、宁夏大部、陕西北部及西藏西部和中部等地偏少5～10天，局地偏少10天以上；新疆东部和内蒙古西部的部分地区偏多5～10天，局地偏多10天以上（图2.8.5）。

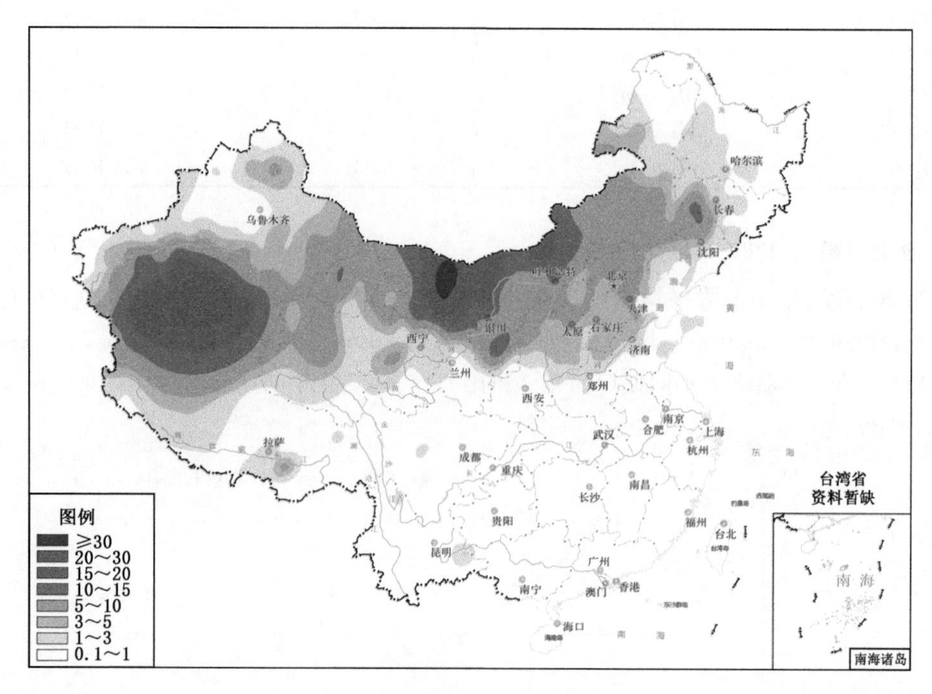

图2.8.4　2021年全国春季沙尘日数分布（单位：天）

二、沙尘天气影响

2021年沙尘天气对我国影响较重。其中，3月13—18日的沙尘天气过程是2021年及近10年强度最强的一次过程。

3月13—18日的强沙尘暴过程是近10年影响我国最强的沙尘天气过程，持续时间长、影响范围广，波及19个省（区、市）。内蒙古中西部、甘肃西部、宁夏、陕西北部、山西北部、河北北部、北京、天津等地出现沙尘暴，其中内蒙古中西部、宁夏、陕西北部、山西北部、河北北部、北京等地的部分地区出现强沙尘暴，部分地区阵风达9～10级；北方多地PM_{10}峰值浓度超过5000微克/米^3，北京PM_{10}最大浓度超过7000微克/米^3，最低能见度500～800米；沙尘还南下至安徽、江苏、上海、浙江等南方省（市）。3月27日至4月1日，我国北方出现年内第二次强沙尘暴过程。西北大部及内蒙古中西部、东北中南部、华北、黄淮、江淮东部及湖北北部、上海、浙江北部等地出现扬沙和浮尘天气，内蒙古中部、陕西北部、河北西北部的部分地区出现沙尘暴，内

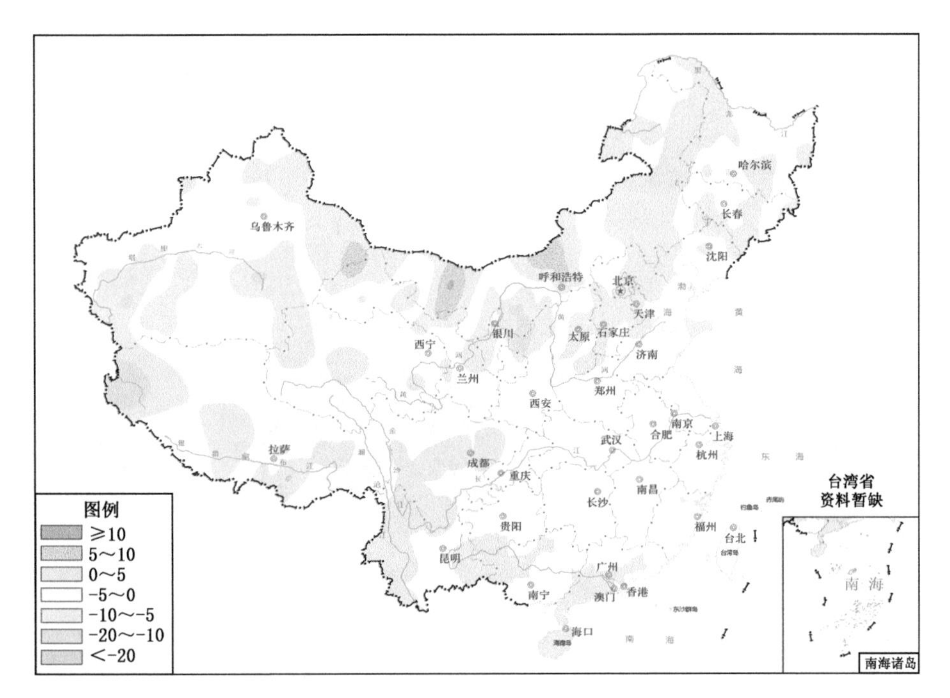

图 2.8.5　2021 年全国春季沙尘日数距平分布(单位:天)

蒙古中部出现强沙尘暴。内蒙古、华北及辽宁、山东等地 PM_{10} 最大浓度超过 2000 微克/米^3，北京 PM_{10} 最高浓度超过 3000 微克/米^3；内蒙古、华北东部等地出现 9～10 级阵风。

第九节　雾和霾及其影响

2021 年，全国雾主要分布在黄淮中部、江淮中部和东部、江南北部以及内蒙古东北部、黑龙江中北部、福建中部和北部、重庆、四川东部、贵州中部和西部、云南东部和南部、北疆等地，霾主要分布在东北中部、黄淮、江淮北部以及北京、湖北中部、湖南东北部、江苏北部等地，对交通影响大。

一、雾日分布特点

2021 年，全国的雾主要出现在 100°E 以东地区，中东部地区、西南地区及新疆北部雾日数一般有 10～30 天，黄淮中部、江淮中部和东部、江南北部以及内蒙古东北部、黑龙江中北部、福建中部和北部、重庆、四川东部、贵州中部和西部、云南东部和南部、北疆等地在 30 天以上(图 2.9.1)。

2021 年，全国 100°E 以东地区平均雾日数 27.9 天，较常年同期偏多 5.4 天(图 2.9.2)。2021 年全国雾多发月份为 3 月、9 月和 11 月，分别占全年雾日数的 10.9%、10.0%和 10.5%(图 2.9.3)。

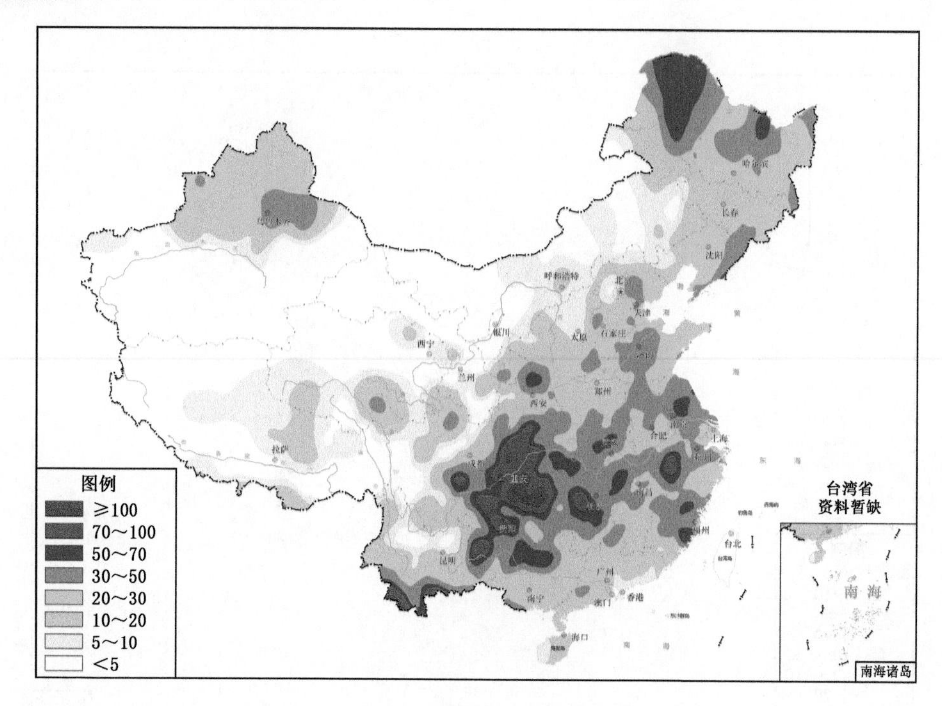

图 2.9.1 2021 年全国雾日数分布(单位:天)

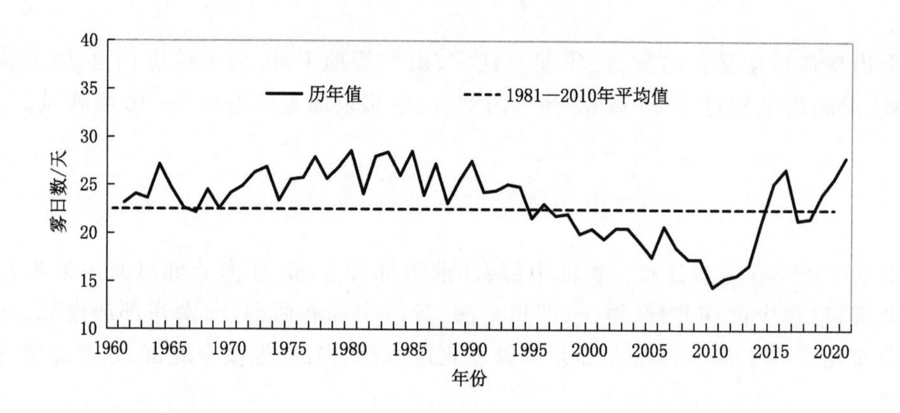

图 2.9.2 1961—2021 年全国 100°E 以东地区年平均雾日数历年变化

二、霾日分布特点

2021 年,全国的霾主要出现在 100°E 以东地区,东北中部、黄淮、江淮北部以及北京、湖北中部、湖南东北部、江苏北部等地超过 30 天,其中北京、山东南部、河南东部、湖北中北部等地霾日数超过 50 天,局地超过 70 天(图 2.9.4)。

2021 年,全国 100°E 以东地区平均霾日数 12.2 天,较常年同期偏多 2.7 天(图 2.9.5)。2021 年全国霾多发月份为 1 月、3 月和 12 月,分别占全年霾日数的 25.7%、15.7%和 16.8%(图 2.9.6)。

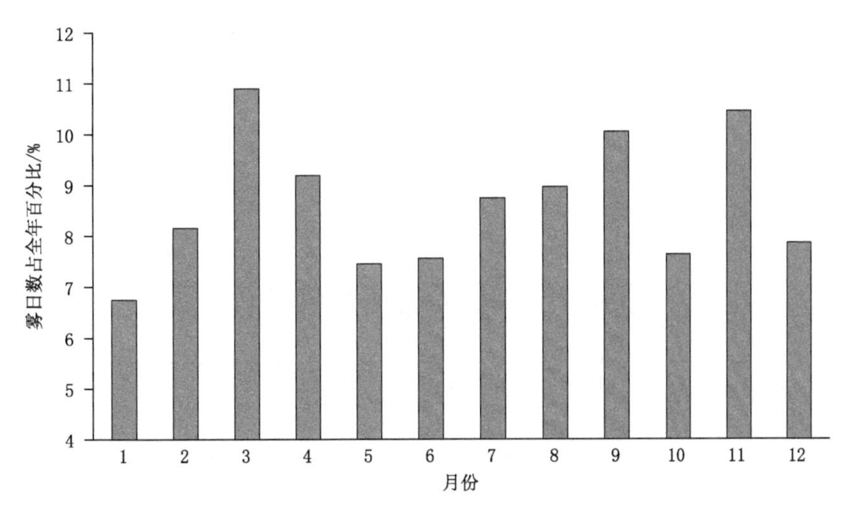

图 2.9.3　2021 年全国 100°E 以东地区各月雾日数占全年的百分比

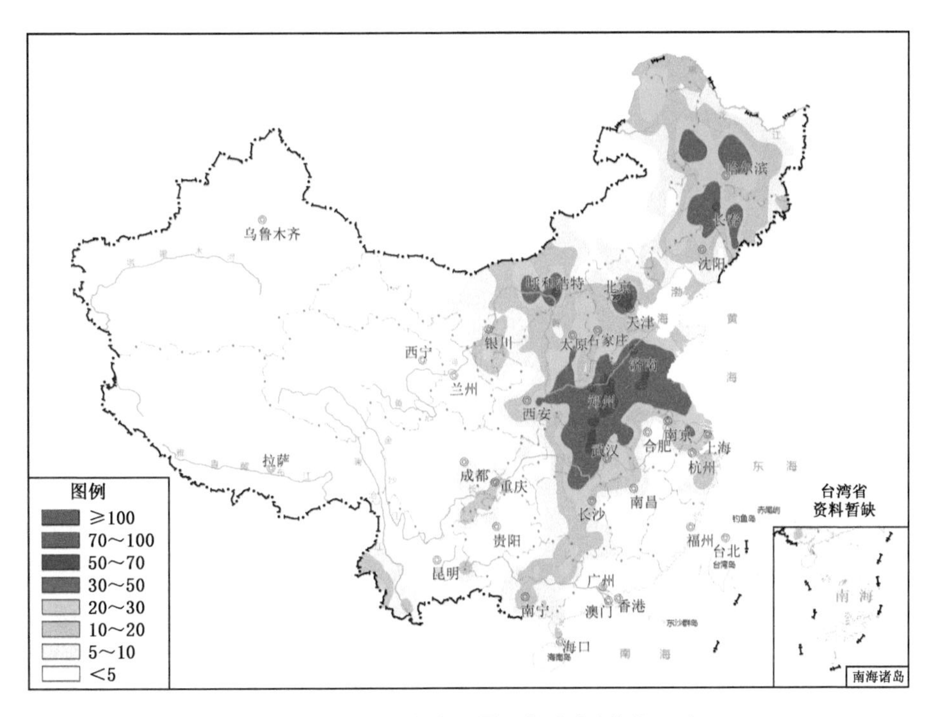

图 2.9.4　2021 年全国霾日数分布(单位:天)

三、雾和霾的影响

1 月,华北、华中、华西等地的部分地区出现雾天气,对交通有影响。22 日,山东 G3 京台、G20 青银等多条高速封闭;26 日,莱泰、京沪和青兰高速部分收费站双向封闭,济南路段高速所有收费站全部封闭,济南遥墙机场有 21 个航班延误,四川达州 18 条高速公路出入口实施了封闭,天津市所有高速公路一度封闭;28 日,湖北潜江沪渝高速 1026 段因大雾发生约 20 辆车发生连环追尾事故。

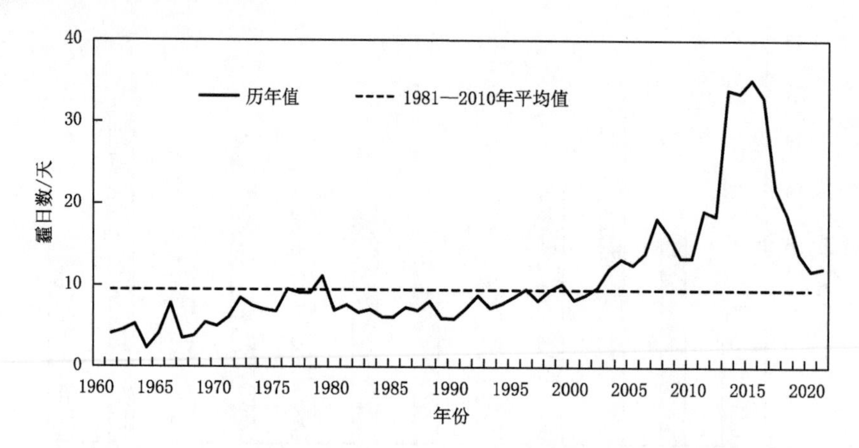

图 2.9.5　1961—2021 年全国 100°E 以东地区平均年霾日数历年变化

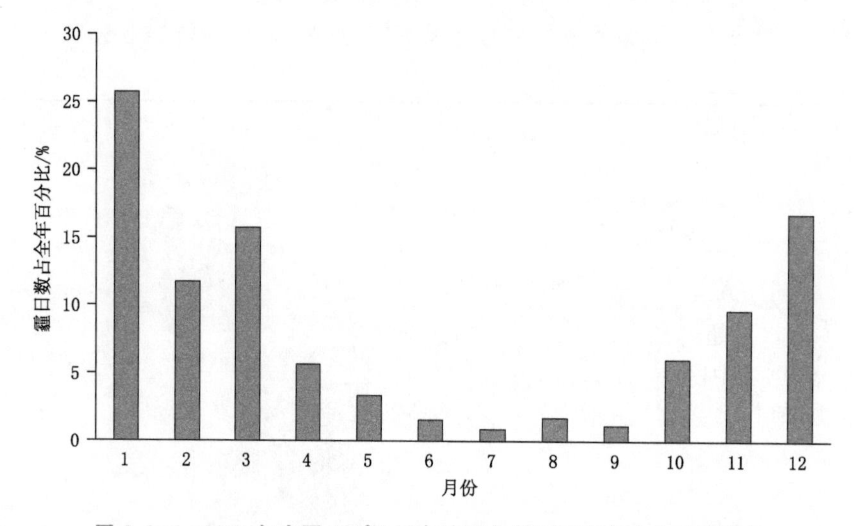

图 2.9.6　2021 年全国 100°E 以东地区各月霾日数占全年的百分比

2 月，多地因雾天气造成道路封闭。受雾天气影响，13—14 日廊坊、沧州、唐山、秦皇岛等多地的高速公路临时关闭；17 日，江西、湖北，湖南，新疆境内 46 条高速 65 个路段封闭，其中江西 25 条高速 28 个路段，湖北 2 条高速 4 个路段，湖南 18 条高速 30 个路段，新疆 3 条高速 3 个路段公路封闭。25 日，陕西渭南、榆林等多地发布大雾橙色预警，包茂、青银、榆蓝等多条高速公路关闭。

12 月，华北、华中、江南、华南等地出现雾天气，对交通有影响。9—10 日，受大雾天气影响，天津市、山东省济南、青岛等 12 市辖区部分高速公路收费站采取临时管控措施，G0111 秦滨高速、G1 京哈高速、G2 京沪高速和 G18 荣乌高速等全线收费站入口封闭。11—13 日，湖北多处高速路收费站入口临时关闭，武汉轮渡全线停航。21 日，四川省泸黄高速、遂广高速、内遂高速、遂资高速、南渝高速、仁沐新高速、简蒲高速、绵西高速、绵遂高速遂宁段、成乐高速等多条高速全线入口因大雾收费站关闭。22 日，江西全省出现大雾(43 站)，南昌、九江、宜春等市的部分地区出现能见度小于 200 米的浓雾，对交通出行造成影响，全省多条高速部分收费站入口临时关闭。

第十节 2021年全球气候事件概述

一、暴雨洪涝

2021年上半年，大洋洲、南美洲北部部分地区遭遇持续性的强暴雨洪涝灾害。3月18—24日，澳大利亚东部沿海地带连降暴雨，新南威尔士州遭受50年一遇的洪灾，尤其是悉尼北部的黑斯廷斯河、卡鲁阿河和曼宁河，部分河流因2017—2019年干旱而严重枯竭的蓄水量被大幅恢复。此次洪灾造成近2万人被疏散，部分道路以及数以百计的房屋遭损毁，多条交通要道封闭，不少中小学校被迫停课，至少造成21亿美元的经济损失。5月29—31日，新西兰南岛中部坎特伯雷地区遭受极端特大暴雨侵袭，并引发百年一遇洪灾，多个气象站日降水量超过250毫米，部分地区停电、路桥被毁，数百人紧急撤离家园。6月20日巴西马瑙斯的里奥内格罗河观测到了有记录以来的最高水位(30.02米)。据报道，巴西北部洪水泛滥最为严重，圭亚那、哥伦比亚和委内瑞拉也受到了影响。

7月以来，亚洲、欧洲陆续发生暴雨洪涝灾害。7月11—12日，巴基斯坦北部的斯瓦特地区24小时降水量达110毫米，阿伯塔巴德地区达180毫米。暴雨洪涝共造成巴基斯坦近200人死亡，多条道路和桥梁遭受严重破坏。7月17—24日，中国河南多地出现破纪录的极端强降水事件，台风“烟花”西北侧的偏南气流为这次极端强降水提供了充沛的水汽。河南有39个县(市)累积降水量达常年年降水量的一半，其中郑州、辉县、淇县等10个县(市)超过常年的年降水量。累积降水量超过250毫米的覆盖面积占河南省面积的32.8%。小时最大降水量(郑州，201.9毫米)创下中国大陆小时气象观测降水量新纪录；郑州等19个县(市)日降水量突破历史极值；32个县(市)连续3天降水量突破历史极值。据有关部门统计，此次灾害共造成河南省150个县(市、区)1478.6万人受灾，因灾死亡和失踪398人，直接经济损失达1200.6亿元。7月12—13日英格兰南部部分地区发生极端强降水事件并引发洪水，其中英国伦敦部分地区90分钟降水量接近80毫米，特别是基尤24小时降水量达47.8毫米，超过了当地常年7月总降水量，打破了1983年以来的历史纪录。强降水在伦敦和多塞特郡引发了洪水，造成部分地区大量车辆被淹，交通瘫痪，公司企业停工，学校停课。7月14—15日德国发生极端强降水，部分地区日降水量达100～150毫米，超过当地常年7月总降水量，最大日降水量为维珀菲尔特的162.4毫米。比利时、卢森堡、荷兰、瑞士和法国东北部部分地区也受到了这次极端强降水的影响。在瑞士，比尔湖、图恩湖和卢塞恩湖的最高水位达到5级洪水警报；布里恩茨湖、巴塞尔附近的莱茵河和苏黎世湖的最高水位也达到了4级洪水警报。据德国慕尼黑再保险公司统计，此次欧洲强暴雨洪涝灾害共造成超过220人死亡以及540亿美元的经济损失，其中德国的损失最大(400亿美元)。8月10日，土耳其黑海沿岸发生暴雨洪涝灾害，其中卡斯塔莫努省的博兹库尔特24小时降水量为399.9毫米，几个城镇遭受严重破坏，据报道有77人死亡。10月4日，意大利西北部利古里亚沿海地区出现了极端强降水，其中蒙特诺特6小时降水量为496.0毫米，罗西廖内12小时的降水量为740.6毫米。

二、高温热浪、干旱和野火

2021年夏季，欧洲的平均气温比1991—2020年平均要高出1℃，以0.1℃的微弱优势超过2010年和2018年,成为欧洲史上最热的夏天。欧洲各地高温纪录也在2021年夏季屡屡被打破,7月20日,吉兹雷(49.1 ℃)创下土耳其全国纪录,第比利斯(格鲁吉亚)创下有记录以来最热的一天(40.6 ℃)。意大利西西里岛8月11日观测到了48.8 ℃高温,而突尼斯的凯鲁万观测到了更高的50.3 ℃,这一温度成了欧洲的最新气温记录。8月14日,蒙托罗(47.4 ℃)创下了西班牙的全国纪录,马德里的42.7 ℃也是有记录以来最热的一天。高温热浪导致欧洲多地山林大火蔓延,损失惨重,尤其是在地中海东部和中部,土耳其是受影响最严重的国家之一,此外还有希腊、意大利、西班牙、葡萄牙、阿尔巴尼亚、北马其顿、阿尔及利亚和突尼斯。6—7月,异常的高温热浪多次影响北美西部。6月20日至7月29日,仅不列颠哥伦比亚省就报告了569例与高温相关的死亡病例,加拿大多个长期观测站的最高气温都比原高温记录高出4～6 ℃,其中不列颠哥伦比亚省中南部的利顿6月29日最高气温达49.6 ℃,打破了加拿大全国的高温纪录。美国西南部也多次出现了高温热浪,其中加利福尼亚州死亡谷在7月9日最高气温达到54.4 ℃,追平了2020年观测到的20世纪30年代以来世界最高气温纪录,是美国大陆有记录以来最热的夏天。

2020—2021年,北美洲西部大部分地区经历了较严重的干旱,从2020年1月至2021年8月是美国西南部有记录以来最干燥的20个月。受干旱影响,2021年加拿大的小麦和油菜预计比2020年减产30%～40%;美国科罗拉多河米德湖的水位在7月下降到47米,低于安全供水水位,这是水库完全投入使用有记录以来的最低水位。严重干旱连续两年影响了南美洲大部分亚热带地区,其中巴西中部和南部、巴拉圭、乌拉圭和阿根廷北部大部分地区的降水量都远低于常年。9—10月,南美洲中东部拉普拉塔流域(包含巴拉那河、巴拉圭河及乌拉圭河三大河流)极端干旱达到顶峰,低水位降低了水力发电量,扰乱了河流运输。10月阿根廷的潘帕斯草原也饱受干旱困扰,巴拉圭河因严重干旱水位下降甚至见底。受干旱影响,作为"世界粮仓"的巴西玉米产量下降近10%,大豆和咖啡等作物减产致使价格持续上涨,波及全球多国农产品进口贸易。2021年严重干旱影响了西南亚的大部分地区。在2020—2021年的冷季,包括伊朗、阿富汗、巴基斯坦、土耳其东南部和土库曼斯坦在内的大部分地区的降雨量都远低于常年值。巴基斯坦经历了有记录以来第三个最干燥的2月。在1月和2月的大部分时间里,伊朗的高山积雪面积还不到常年的一半,这导致依赖融雪的河流流量减少,灌溉用水减少。在非洲地区,马达加斯加南部经历了一场持续了至少两年的严重干旱。从2020年7月至2021年6月的12个月里,该地区降水量较常年偏少50%左右,持续干旱给当地约114万人带来了严重的粮食安全问题。

另外,持续的高温热浪造成北美西部多地发生山火,其中加利福尼亚州北部的迪克西大火始于7月13日,截至10月7日已燃烧约39万公顷,这是加利福尼亚州有记录以来最大的一次火灾。

三、严寒和大雪

欧美和亚洲等地遭受寒潮和暴风雪侵袭。2月12—17日,冬季风暴"乌里"袭击了北美大部,加拿大南部、美国大部以及墨西哥北部遭遇强寒潮和极端暴风雪,多地最低气温突破历史极值,美国得克萨斯州最低气温下降至－22 ℃,为1895年以来罕见。2月16日,俄克拉何马城和达拉斯沃斯堡机场最低气温(分别为－24.4 ℃和－18.3 ℃)均打破了1903年的低温纪录(分别为－15.6 ℃和－11.1 ℃)。墨西哥北部最低气温低至－18 ℃,至少十余人因低温死亡。

冬季风暴引起的降雪叠加前期积雪，使得美国有73%的土地被白雪覆盖。加拿大温莎市降雪量达200毫米，皮尔逊国际机场降雪量为120毫米，渥太华降雪量为180毫米。此次灾害影响重大，美国共有172人丧生，超过550万家庭断电停电，为美国近代史上最大的停电事件之一。据慕尼黑再保险公司统计，冬季风暴“乌里”给美国造成了共301亿美元的经济损失。1月欧亚多地遭受寒潮和暴雪侵袭，其中俄罗斯经历了2009年以来最寒冷的冬天。6—8日，中国北方遭受强寒潮侵袭，多地观测到的最低气温突破建站以来的历史极值，北京大部地区最低气温在−24～−18 ℃，南郊观象台最低气温达−19.6 ℃，为1966年以来的最低气温。1月7—11日，日本北部及西部连降大雪，多地日降雪量创下纪录，强降雪导致超过4.5万户停电，10人死亡，近300人受伤。欧洲地区，1月7—10日，一场严重的暴风雪袭击了西班牙的许多地区，多地发生极端低温和大雪天气，其中托莱多(−13.4 ℃)和特鲁埃尔(−21.0 ℃)等地观测到有记录以来的最低气温，西班牙多地的陆地和空中运输都受到了严重影响。2月的第二周，荷兰经历了2010年以来最严重的暴风雪，受此次暴风雪的影响，德国、波兰和英国多地也经历了降温和大雪天气。2月12日，布雷马尔最低气温达−23.0 ℃，这是英国自1995年以来的最低气温。另外，欧洲东南部的雅典在2月15日遭遇了2009年以来最大的降雪。7月下旬，正值冬季的南非受南极极端寒潮的影响，19个地区出现了0 ℃以下气温并伴有降雪，多地的最低气温陆续被刷新。7月23日，南非首都约翰内斯堡最低气温为−7 ℃，打破了1995年7月的最低气温纪录(−6.3 ℃)；金伯利的最低气温则达−9.9 ℃，大多数南非城市的气温都打破了近20年来的最低气温纪录。

四、热带气旋

2021年全球热带气旋数量接近历史平均水平，但北大西洋和北印度洋热带气旋异常活跃，北太平洋西部和北太平洋东部的热带气旋数量接近或低于历史平均水平，南半球太平洋和印度洋的热带气旋个数也略低于平均水平。截至10月11日，北大西洋有20个命名的风暴，大约是历史同期的两倍。

在北大西洋，四级飓风“艾达”于8月29日在美国路易斯安那州富尔雄港附近登陆，登陆时中心附近最大风力达17级(67米/秒，相当于超强台风级)，这是有记录以来登陆该州的最强飓风。“艾达”登陆后一路北上影响多州，造成纽约最大小时降水量达到创纪录的80毫米，部分地区24小时的降水量超过200毫米。“艾达”在其发展成热带气旋之前，已给委内瑞拉带来了大洪水。“艾达”致墨西哥湾附近几乎所有的石油生产设施关闭；美国路易斯安那州近百万户家庭和企业断电，新奥尔良市全城断电，全美至少80人死亡，经济损失约为638亿美元。年内，另一个影响较大的是飓风“格蕾丝”。“格蕾丝”先是于8月16日给海地、多米尼加、牙买加、特立尼达和多巴哥带来了洪水，之后发展成三级飓风并于8月21日登陆墨西哥东部海岸，其带来的强暴雨侵袭了墨西哥韦拉克鲁斯州，造成至少8人死亡。5月中下旬，阿拉伯海气旋风暴“陶克塔伊”和印度洋孟加拉湾气旋风暴“亚斯”相继登陆印度。“陶克塔伊”最大风力有14级(45米/秒，相当于强台风级)，“亚斯”最大风力有12级(33米/秒，相当于台风级)。“陶克塔伊”造成孟买圣克鲁斯西气象站5月18日降水量达230毫米，这是孟买5月最大日降水量；印度西部城镇帕尔加尔的日降水量高达298毫米。两个风暴累积造成印度至少87人死亡、数百人失踪，百万人撤离家园，超30万所房屋被摧毁，大量基础设施受损。9月下旬，热带气旋“古拉布”从孟加拉湾穿越印度东海岸；残余体系在阿拉伯海加强，之后横穿印度，并更名为“沙欣”。10月3日，热带气旋“沙欣”在阿曼北部海岸马斯喀特西北部登陆，这是自1890年以来首次在该地区登陆的热带气旋。受热带气旋“古拉布”和“沙欣”影响，印度、巴基斯坦、阿曼和伊朗共有39人死亡。在南半球，影响最大的热带气旋是“塞洛亚”。“塞洛亚”形成于印度尼西亚南部，之后向东南方向移动至西澳大利亚。“塞洛亚”在4月2—5日给东帝汶以及印度尼西亚东南部带来强降水并引发洪水和泥石流，之后于11日在澳大利亚西部海岸的卡尔巴里附近登陆，是自1956年以来在西澳大利亚南部登陆的最强热带气旋，共造成印度尼西亚、东帝汶和澳大利亚272人死亡。另外，1月下旬热带气旋“埃洛伊丝”侵袭了非洲东南部，给莫桑比克、南非、津巴布韦、埃斯瓦蒂尼和马达加斯加带来了较大损失和人员伤亡。在南太平洋，热带气旋“安娜”和“尼兰”侵袭斐济和新喀里多尼亚，引发多地洪涝灾害。在北太平洋地区，2021年热带气旋的直接影响较近年偏小。7月台风“灿都”和“烟花”给中国上海及周边地区带来了强降水，并引起了近海航运的中断。台风“烟花”西北侧气旋性暖湿气流西进北上，携带大量水汽西北方向输送至中国内陆，在一定程度上助力了中国河南省极端强降水的发生。9月台风“电母”在越南登陆，之后西移至泰国，在泰国引发洪水，致7人死亡。

五、强对流

强对流天气在世界各地频发。1—4月美国共发生了959次龙卷，略低于常年同期。其中一次EF4级(267～322千米/小时)龙卷于3月25日袭击了美国东南部，其中亚拉巴马州和佐治亚州西部的灾情最为严重，共造成6人死亡和16亿美元的经济损失。3月25—28日，至少有60起龙卷及风暴袭击了美国东南部多个州，最强等级达EF3级(最高风速达218～266千米/小时)，风速超过200千米/小时，造成数十人伤亡，上百栋建筑被毁，上万居民断电。4月27—28日，得克萨斯州和俄克拉何马州发生了风雹灾害，共造成24亿美元的损失。12月10—11日，69次龙卷侵袭了美国的10个州，共造成90人死亡，52亿美元的经济损失，是美国历史上最为严重的龙卷灾害之一。6月下半月，捷克、斯洛伐克、瑞士和德国多地发生强雷暴和龙卷。其中6月24日，一次EF4级超强龙卷袭击了捷克摩拉维亚南部的几个村庄，造成重大经济损失和6人死亡，这是捷克有记录以来最强的龙卷。据报道，6月强雷暴和龙卷给捷克造成了约7亿美元的经济损失。在亚洲地区，5月14日，中国江苏苏州与浙江嘉兴交界附近、湖北武汉市蔡甸区在2小时内先后出现强龙卷天气，最大风力都在17级以上，并造成重大人员伤亡。6月1日傍晚，黑龙江省尚志市和阿城区出现龙卷(最大风力分别超过17级和15级)；6月25日下午内蒙古锡林郭勒盟太仆寺旗出现强龙卷；7月20日河南开封通许出现龙卷；21日河北保定清苑部分地区出现极端风雹天气，东闾乡遭受龙卷。

六、沙尘暴

蒙古国2021年春季发生沙尘暴天气的频率和强度均超过往年。3月中下旬，蒙古国遭遇强沙尘暴，27日乌兰巴托市的风速为13～15米/秒，出现沙尘暴和雨夹雪。南戈壁省、中戈壁省、东戈壁省、肯特省、苏赫巴托尔省等地有强风和沙尘暴，多地风速达18～20米/秒，瞬时风速达24米/秒。大风导致多座蒙古包和房屋、栅栏被摧毁，部分输电线路损坏，中戈壁、后杭爱省共10人死亡，数百人走失，中戈壁省约有16万头(只)牲畜死亡。

第三章　气候对行业影响评估

第一节　气候对农业的影响

2021年，我国主要粮食作物生长期间气候条件总体较为适宜，利于农业生产。早稻生育期内，大部时段热量充足、光照条件较好，无明显低温、阴雨寡照天气，利于早稻生长发育及产量形成。晚稻、一季稻产区气候条件较好，气象灾害偏轻，对农业生产比较有利。冬小麦和玉米全生育期内，光温水等条件总体匹配，墒情适宜，气候条件较好，但7月河南极端强降水对夏玉米产量形成影响较大。棉区热量充足，光照和降水条件总体较好，但部分地区遭受多雨寡照天气影响，气象灾害偏重。

一、气候对水稻的影响

（一）早稻

1. 农业气候条件评估

2021年早稻生长季内（2—7月），主产区（江南、华南）大部≥10 ℃积温较常年同期偏多（图3.1.1a），热量条件充足；华南大部及福建南部降水量较常年同期偏少2～5成，浙江大部偏多2～5成，其他地区接近常年同期（图3.1.1b）；日照时数较常年同期偏少。

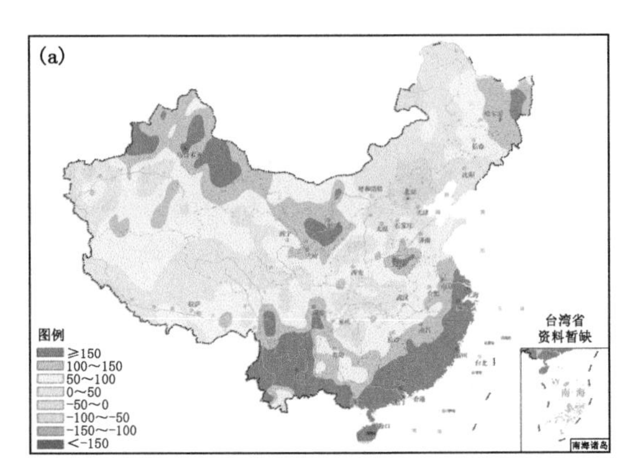

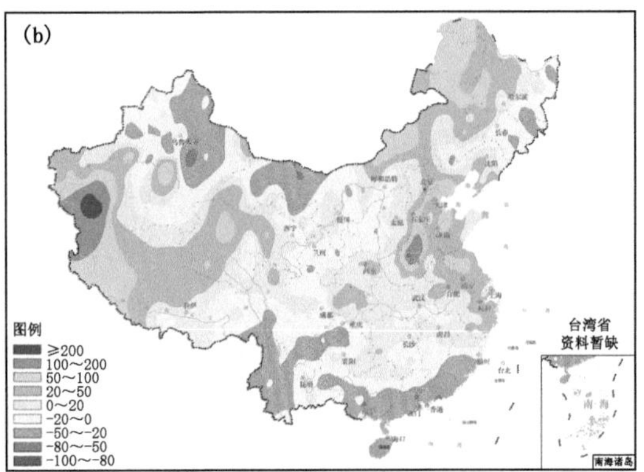

图3.1.1　早稻生长季（2021年2—7月）≥10 ℃积温距平（a，单位：℃·日）及降水量距平百分率（b，单位：%）

2. 农业气象灾害评估

早稻生育期内，主产区气象灾害总体偏轻，但江南东部受到强降水影响。3月，南方农区气温偏高、降水接近常年同期，大部时段水热条件利于早稻播种和幼苗生长。4月，江南中西部等地持续阴雨寡照，部分早稻秧苗长势偏差。5月，长江中下游大部降水较常年同期偏多5成以上，对早稻生长发育不利；华南大部光热充足利于早稻生长。6月，南方大部地区光热条件较为适宜，总体利于早稻孕穗抽穗、扬花授粉，但江南东部、华南西北部和中部等地出现强降水天气过程，部分低洼农田被淹被毁，部分早稻遭遇“大雨洗花”。7月，江南、华南晴热少雨，利于成熟早稻收晒，但高温日数较常年偏多，导致仍处于灌浆乳熟期的早稻出现“高温逼熟”，影响品质和产量；受台风“烟花”影响，浙江等地的部分未收割的早稻受淹、倒伏、穗上发芽。

（二）晚稻

1. 农业气候条件评估

2021年晚稻生育期内（6—11月），主产区（江南、华南）大部≥10 ℃有效积温比常年同期偏多，其中江南大部偏多150℃·日以上（图3.1.2a）；浙江、江苏、湖北西部等地降水量较常年同期偏多2成至1倍，其他大部地区接近常年同期（图3.1.2b）；产区大部日照时数偏少。

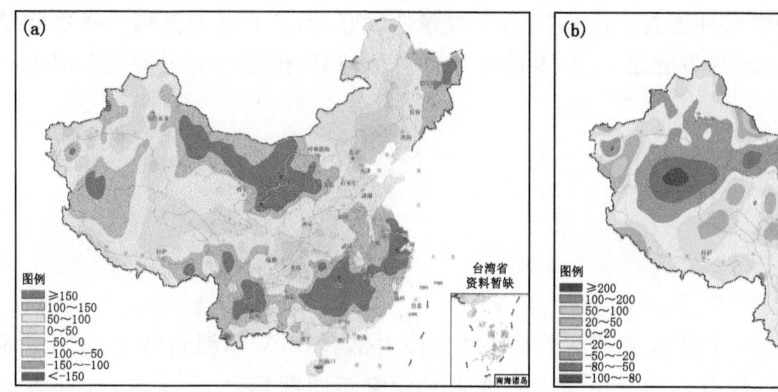

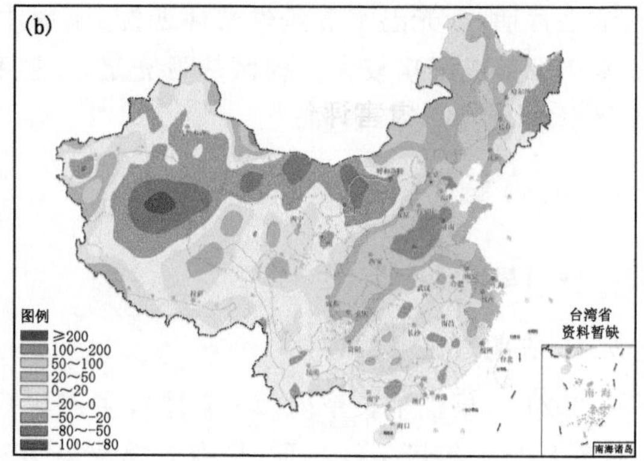

图3.1.2　晚稻生长季（2021年6—11月）≥10 ℃积温距平（a，单位：℃·日）及降水量距平百分率（b，单位：%）

2. 农业气象灾害评估

晚稻生育期内，主产区气象灾害总体偏轻，但华东、华南遭受台风影响。7月，华南大部高温对晚稻秧苗生长不利；受台风“查帕卡”影响，华南南部出现较强风雨天气，导致部分晚稻秧田受淹，但总体影响不大；受台风“烟花”影响，浙江等地部分晚稻受淹、浮苗，高温高湿的田间环境导致病虫害滋生蔓延。8月，江淮、江汉多阴雨寡照天气，不利晚稻分蘖。9月，江南南部、华南东北部高温少雨，导致部分晚稻发育进程加快、灌浆不充分，抽穗期偏晚的晚稻授粉结实受到一定影响。10月，南方大部光温接近常年，利于晚稻产量形成，但受台风“狮子山”“圆规”和冷空气影响，华南沿海和东南沿海地区出现较强风雨天气，部分仍处于抽穗扬花期的晚稻遭受“雨洗禾花”。

（三）一季稻

1. 农业气候条件评估

2021年一季稻生育期内（4—10月），主产区（东北地区、江淮、江汉、江南东部、西南地区）大部≥10 ℃积温较常年同期偏多150 ℃·日以上（图3.1.3a）；除东北东部、西南地区大部降水量较常年同期偏少外，其他产区接近常年同期或偏多，其中东北地区西部、江南东部偏多2～5成(图3.1.3b)；产区日照时数较常年同期偏少。

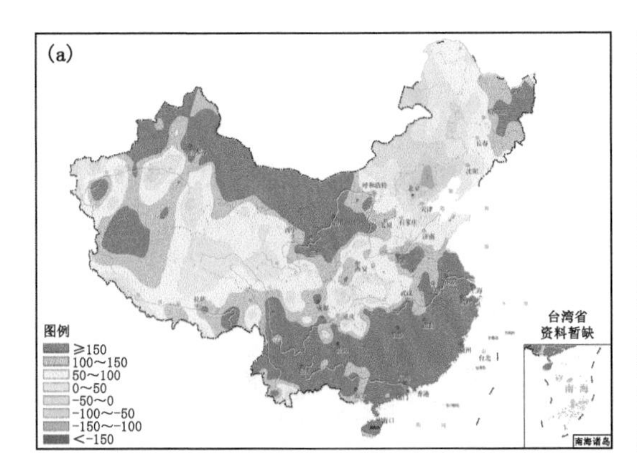

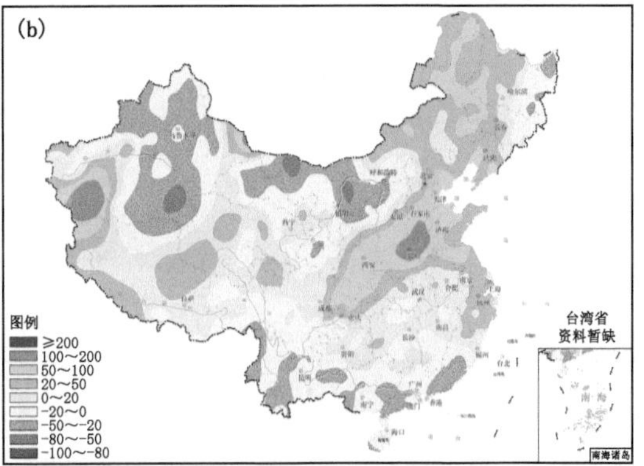

图3.1.3 一季稻生长季(2021年4—10月)≥10℃积温距平(a,单位:℃·日)及降水量距平百分率(b,单位:%)

2. 农业气象灾害评估

一季稻生育期内，主产区气象灾害总体偏轻。5月，东北地区大部气象条件利于一季稻移栽；南方局地多发大风、冰雹等强对流天气，对一季稻移栽不利。6月，东北地区大部气象条件总体利于一季稻生长，但上旬前期、中旬后期出现阶段性低温天气，一季稻发育期有所延迟；南方大部地区光热条件较为适宜，总体利于一季稻移栽返青，但江南东部、华南西北部和中部、四川东北部等地出现强降水过程，影响部分地区一季稻分蘖移栽。7月，东北地区气温偏高1～4℃，有效弥补了6月低温影响，一季稻发育进程加快，但中下旬黑龙江中东部、吉林中部、辽宁中北部温高雨少，对一季稻拔节孕穗略有不利；江南、华南大部多晴少雨，高温对部分播种偏早、正处于拔节孕穗期的一季稻幼穗分化不利；西南地区大部光温水较为适宜，利于一季稻孕穗抽穗，但部分地区强降水造成部分低洼农田发生短时渍涝。8月中旬，东北地区出现低温过程对一季稻生长发育略有不利；江淮、江汉多阴雨寡照天气，不利一季稻抽穗扬花。9月，东北农区大部未出现初霜冻，一季稻灌浆持续时间长，但大部地区降水偏多，收获难度增大；南方大部光热充足，利于一季稻收获，但四川盆地东部降水偏多，雨日有10～20天，不利成熟收晒。

二、气候对小麦的影响

1. 农业气候条件评估

2021年，我国冬小麦全生育期内(2020年10月至2021年6月)，大部地区热量充足，≥10℃有效积温普遍较常年同期偏多，其中河南中部、江苏东部和西南部偏多150℃·日(图3.1.4a)；河北、河南、安徽、江苏等地的部分地区降水量较常年同期偏少，其他地区接近常年同期或偏多(图3.1.4b)，山东大部、陕西西南部、河北东部等地偏多2成至1倍；冬麦区大部日照时数略偏少。

2. 农业气象灾害评估

冬小麦全生育期内，主产区气象灾害总体偏轻。秋播期，冬麦区大部墒情适宜，利于冬小

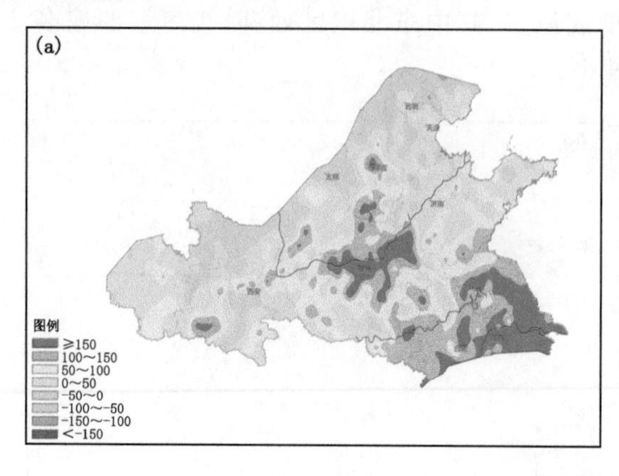

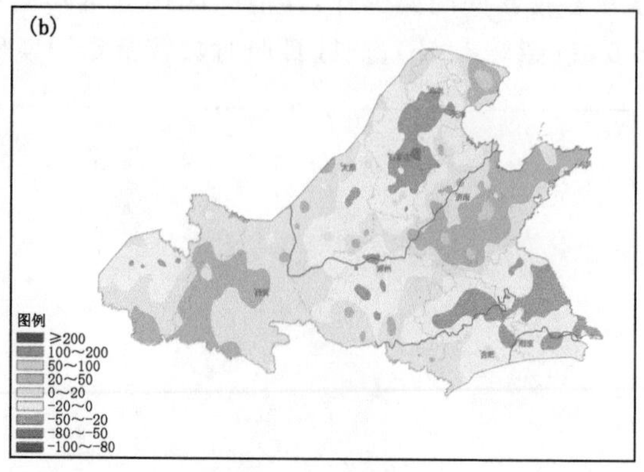

图 3.1.4　冬麦区 2020 年 10 月至 2021 年 6 月≥10 ℃有效积温距平(a,单位:℃・日)及降水量距平百分率(b,单位:%)

麦播种出苗及幼苗生长。11 月,北方冬麦区光温适宜、降水充足,尤其是 17—19 日冬麦区出现播种以来最大范围明显降水,土壤墒情偏好,利于冬小麦壮苗越冬。2020/2021 冬季,北方冬麦区大部墒情适宜、光照充足,冬小麦抗寒锻炼充分,气象条件总体利于冬小麦冬前分蘖生长、形成壮苗和安全越冬。春季,北方冬麦区水热条件匹配较好,利于冬小麦生长发育,但 5 月,长江中下游地区降水偏多、云南中西部干旱,对冬小麦成熟收晒不利。夏收期间,夏收区大部时段天气晴好,利于机械化作业,夏收进展顺利,腾茬及时;强降水天气使黄淮中部、华北中南部等地的部分地区夏收短暂受阻,但总体影响不大。

三、气候对玉米的影响

(一)春玉米

1. 农业气候条件评估

2021 年,我国春玉米全生育期内(2021 年 4—9 月)主产区热量充足,≥10 ℃有效积温普遍接近常年同期或偏多,其中西北地区大部、西南地区南部和黑龙江东部等地偏多 150 ℃・日以上,江汉地区偏多 100~150 ℃・日(图 3.1.5a);主产区大部地区接近常年同期或偏多,其中东北地区西部及内蒙古东部、河北东北部、四川东北部等地偏多 2 成至 1 倍,新疆北部和东南部、黑龙江东部等地偏少 2~5 成(图 3.1.5b);日照时数除西南地区偏多以外,其他产区均较常年同期偏少。

2. 农业气象灾害评估

春玉米全生育期内,主产区气象灾害偏重,部分地区遭受强降水影响。4 月下旬到 5 月上旬,内蒙古东南部、辽宁西部等地降水量不足 10 毫米,部分农田土壤干旱不利于春玉米播种出苗及幼苗生长;6 月,辽宁部分地区、四川东北部出现强降水天气过程,部分低洼农田被淹被毁;7 月,黑龙江中东部、吉林中部、辽宁中北部、西北地区温高雨少,部分地区墒情下降,对春玉米抽雄吐丝不利,河南出现极端特大暴雨,部分玉米叶片萎蔫、生长减缓;8 月,西北地区、华北部分地区阴雨寡照、强降水和农田短时渍涝不利春玉米开花授粉结实,植株光合作用减弱并易诱发病虫害;9 月,黑龙江东部和南部、吉林中西部、辽宁大部出现 1~2 天大到暴雨伴随大

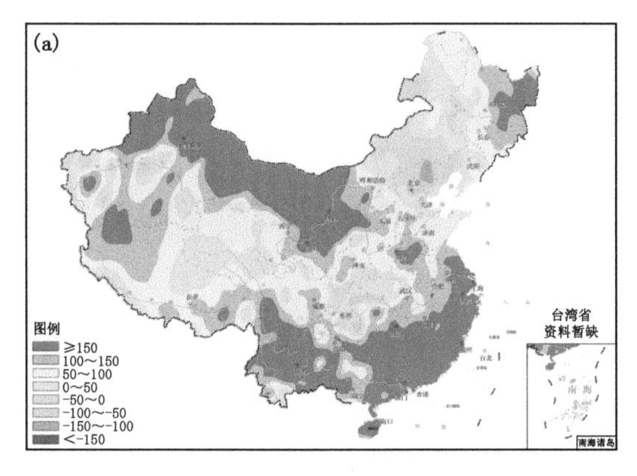

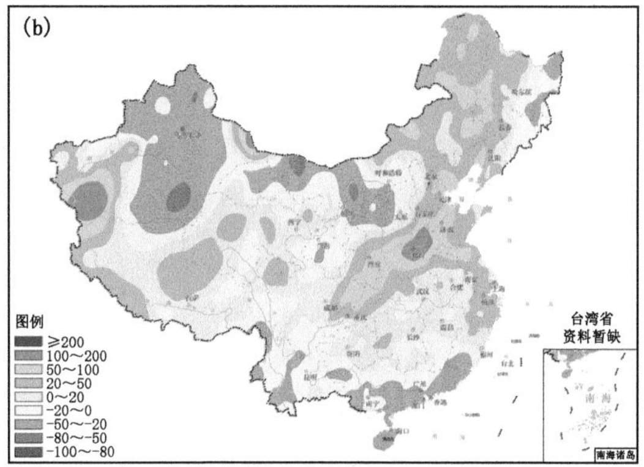

图 3.1.5　春玉米生长季(2021 年 4—9 月)≥10 ℃有效积温距平(a,单位:℃·日)及降水量距平百分率(b,单位:%)

风天气,春玉米收获难度增大,同时春玉米主产区普遍多雨寡照,不利于春玉米产量形成和品质提高。

(二)夏玉米

1. 农业气候条件评估

2021 年夏玉米生育期内(6—9 月),主产区华北水热条件匹配较好,大部地区≥10 ℃有效积温较常年同期偏多 50 ℃·日以上,河南东部、山东西部、山西中部等地偏多 100 ℃·日以上(图 3.1.6a);产区大部降水量较常年同期偏多,其中华北东部和南部、山东西部、河南大部、陕西东南部等地较常年同期偏多 5 成至 1 倍,山东西部、河南北部偏多 1 倍以上(图 3.1.6b);夏玉米产区大部日照时数略低于常年。

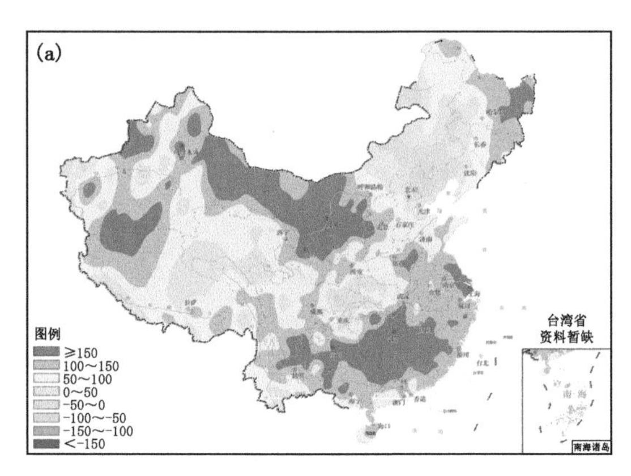

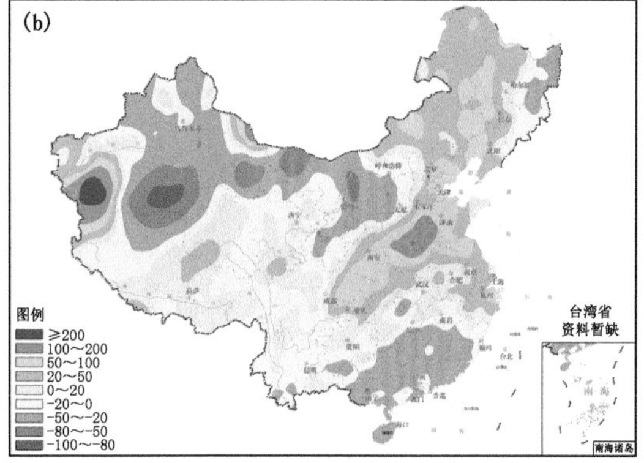

图 3.1.6　夏玉米生长季(2021 年 6—9 月)≥10 ℃有效积温距平(a,单位:℃·日)及降水量距平百分率(b,单位:%)

2. 农业气象灾害评估

夏玉米全生育期内,主产区气象灾害偏重,部分地区遭受强降水影响。6 月,夏玉米种植区大部墒情适宜,水热条件利于播种出苗和幼苗生长;强降水天气使部分地区夏玉米播种短暂受阻,总体影响不大。7 月,华北、黄淮降水偏多为夏玉米生长提供了充足水分,但河南极端强降水导致夏玉米受灾较重；西北地区东部多高温天气，出现轻至中度农业干旱，对夏玉米产量形成不利；华东地区遭受台风“烟花”影响，导致部分农田被淹、作物倒伏，浙江、江苏受灾较重。8月，西北地区、华北、黄淮等地大部光温正常、降水充沛，利于夏玉米产量形成，但西北地区东南部、黄淮西部、江淮多阴雨寡照天气，局地有强降水和农田渍涝，不利夏玉米生长发育和收晒。9月，夏玉米产区大部光温较适宜，但降水偏多，不利于夏玉米灌浆成熟和收获，秋收秋播推迟。

四、气候对棉花的影响

1. 农业气候条件评估

2021年棉花生育期内(2021年4—10月)，棉区(新疆、黄河流域、长江流域)大部热量充足，≥10 ℃积温接近常年同期或偏多，其中江苏大部、浙江、江西大部、湖南南部、甘肃大部、新疆北部等地偏多150 ℃·日以上(图3.1.7a)；除新疆和甘肃西部局部降水量较常年同期偏少2～5成外，其余地区接近常年同期或偏多，其中河南北部较常年同期偏多1～2倍(图3.1.7b)；棉区日照时数略偏少，其中江汉地区偏少2～5成。

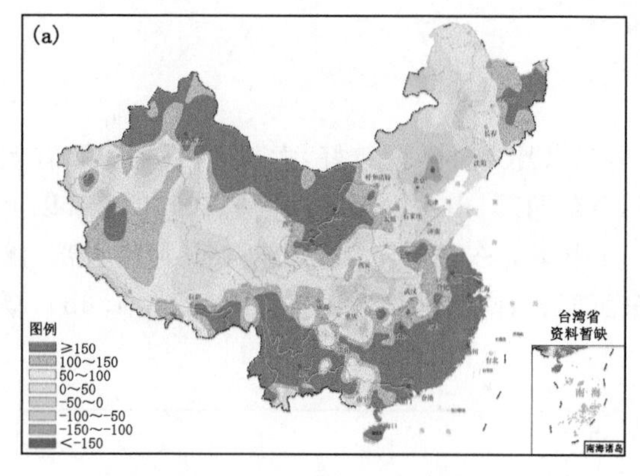

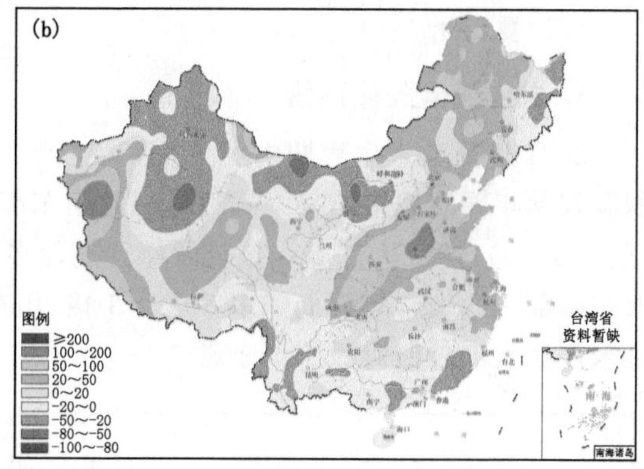

图3.1.7 棉花生长季(2021年4—10月)全国≥10 ℃有效积温距平(a,单位:℃·日)和降水距平百分率(b,单位:%)

2. 农业气象灾害评估

棉花全生育期内，气象灾害偏重，部分地区遭受多雨寡照天气影响。5月，长江中下游大部降水较常年同期偏多5成以上，大到暴雨日数有5～10天，日照偏少3～5成，对棉花生长发育不利；6月，江南东部等地出现强降水过程，部分低洼农田被淹被毁；7月，新疆、内蒙古西部、甘肃北部、宁夏中北部高温日数较常年同期偏多5～10天，持续高温不利于棉花开花结铃，导致蕾铃脱落增多、伏桃数下降；同时，7月中下旬，河南极端特大暴雨和台风“烟花”带来的风雨，分别导致河南北部以及华东部分地区大范围农田被淹、作物倒伏，且田间湿度过大，易诱发病虫害发生发展；8月，新疆东部部分地区出现11～20天日最高气温≥35 ℃的高温天气，较常年偏多1～5天，对棉花开花裂铃不利；9月，西北、华北、黄淮部分棉区多雨寡照天气导致棉花棉铃脱落，不利产量和品质提高；10月，西北地区东部、华北大部、黄淮北部等地仍持续多雨寡照天气，降水偏多1～5倍，日照偏少3～8成，尤其上旬出现的强降水天气过程，部分农田持续湿涝，造成棉花棉铃脱落和僵瓣，影响棉花成熟收晒。

第二节 气候对水资源的影响

2021年,我国年降水资源以及年水资源总量状况属于丰水和比较丰富等级。各省(区、市)年水资源量状况,北京、天津、河北、山西、山东、河南、陕西、辽宁、上海、浙江10省(市)属于异常丰富年份,黑龙江、吉林、内蒙古、江苏、重庆、四川、青海7省(区、市)属于比较丰富年份;福建、广西、云南3省(区)属于比较欠缺年份,广东属于异常欠缺年份;其余省份均属正常年份。全国有65%的大Ⅰ型水库上游流域年降水量偏多,有利水库蓄水。云南2020年秋末至2021年夏初连旱,造成水库蓄水不足,出现用水短缺;华南年内阶段性干旱造成径流减少,珠江口出现咸潮,水库蓄水量减少。

一、年降水资源量

1. 全国年降水资源状况

2021年,全国年降水资源量为63777.4亿米³,比常年偏多4014.2亿米³,比2020年少2149.2亿米³。从历年年降水资源量变化及全国年降水资源量丰枯评定指标来看,2021年属于丰水年份,与1961年、1964年、1983年、1990年、2012年、2018年相近(图3.2.1)。

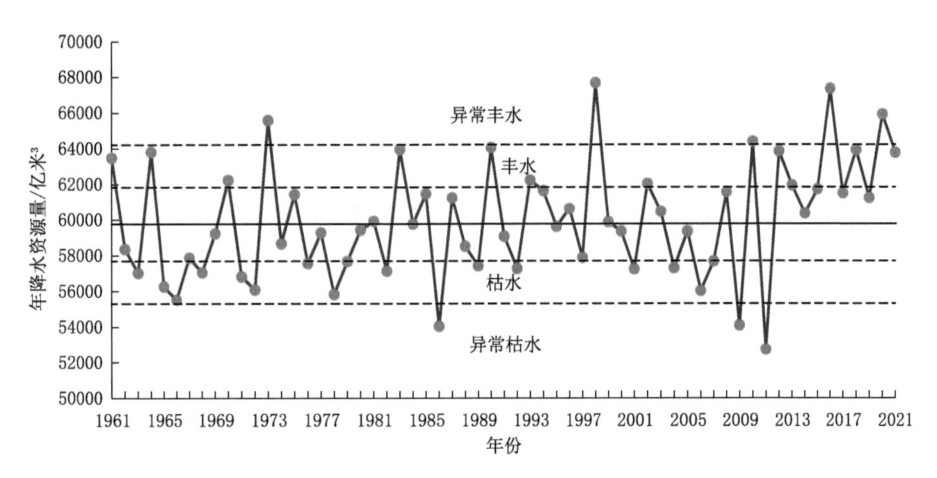

图3.2.1 1961—2021年全国年降水资源变化曲线
(黑实线为1981—2010年平均值)

2. 各省(区、市)年降水资源

2021年,全国年降水量分布不均。由表3.2.1可见,浙江居全国第一,年降水量有1816.4毫米,其次为海南(1742.1毫米)和上海(1537.0毫米)。新疆的年降水量为全国最少,仅有156.0毫米,宁夏和内蒙古分别为276.5毫米和377.7毫米。

与2020年相比,全国有17个省(区、市)年降水量减少,其中湖北减幅最大(493.6毫米),其次为安徽,减幅有402.3毫米。其余省份年降水量增加,其中天津、北京、河北、河南、浙江增幅超过250毫米,天津高达381.6毫米。

表 3.2.1　2021 年各省(区、市)年降水资源量、平均年降水量与 2020 年对比

省(区、市)	年降水资源量/亿米³	与 2020 年相比/亿米³	平均年降水量/毫米	与 2020 年相比/毫米
北　京	156.0	60.7	928.5	361.4
天　津	110.5	43.1	977.5	381.6
河　北	1612.5	566.9	859.1	302.0
山　西	1131.3	271.1	723.8	173.4
内蒙古	4375.4	27.7	377.7	2.4
辽　宁	1293.5	260.7	889.0	179.2
吉　林	1282.7	−164.6	684.5	−87.8
黑龙江	2782.3	−647.8	611.6	−142.4
上　海	96.8	−2.7	1537.0	−43.2
江　苏	1267.3	−50.9	1241.3	−49.8
浙　江	1872.7	270.1	1816.4	262.0
安　徽	1784.2	−561.2	1279.0	−402.3
福　建	1781.8	102.4	1438.1	82.7
江　西	2532.9	−615.7	1525.8	−370.9
山　东	1512.9	272.8	986.9	178.0
河　南	1863.8	455.9	1128.9	276.1
湖　北	2273.3	−917.6	1222.9	−493.6
湖　南	3023.5	−454.5	1427.5	−214.6
广　东	2397.7	−258.2	1356.9	−146.1
广　西	3161.3	−692.3	1335.6	−292.5
海　南	592.3	52.6	1742.1	154.7
重　庆	1081.1	−36.9	1312.0	−44.8
四　川	5178.4	−354.7	1066.8	−73.1
贵　州	2144.1	−402.6	1216.8	−228.5
云　南	3776.5	−162.3	958.3	−41.2
西　藏	5650.1	121.0	469.9	10.1
陕　西	1981.8	555.9	964.8	270.6
甘　肃	1723.6	−280.3	432.2	−70.3
青　海	2883.8	−37.9	399.0	−5.2
宁　夏	143.2	−22.5	276.5	−43.4
新　疆	2568.7	412.5	156.0	25.1

根据各省(区、市)年降水资源丰枯的等级指标(表 3.2.2),得到 2021 年各省(区、市)年降水资源的丰枯状况(图 3.2.2)。2021 年,我国年降水资源分布总体呈现“南枯北丰”态势。北

京、天津、河北、山西、辽宁、山东、河南、陕西、上海、浙江属于异常丰水年份，内蒙古、吉林、黑龙江、江苏、重庆、四川、青海属于丰水年份；福建、广西、云南属于枯水年份，广东属于异常枯水年份；其余10个省（区）均属正常年份。

表3.2.2 2021年各省（区、市）年降水资源丰枯等级指标（单位：亿米^3）

省（区、市）	指标1	指标2	指标3	指标4
北京	118.1	104.0	79.3	65.3
天津	80.1	69.6	51.3	40.8
河北	1183.0	1056.0	833.8	706.7
山西	901.5	816.6	667.9	583.0
内蒙古	4483.9	4061.4	3322.1	2899.6
辽宁	1207.0	1065.0	816.5	674.4
吉林	1393.4	1264.0	1037.6	908.2
黑龙江	2875.5	2619.8	2172.3	1916.6
上海	93.4	83.2	65.3	55.0
江苏	1276.3	1151.0	931.8	806.5
浙江	1815.3	1669.1	1413.3	1267.1
安徽	2065.7	1869.0	1524.6	1327.8
福建	2474.8	2245.3	1843.6	1614.0
江西	3351.1	3048.1	2517.8	2214.7
山东	1293.3	1130.2	844.8	681.7
河南	1560.0	1384.3	1076.8	901.1
湖北	2700.7	2454.3	2023.0	1776.5
湖南	3490.0	3221.7	2752.2	2484.0
广东	3826.3	3471.8	2851.5	2497.0
广西	4381.3	3988.0	3299.7	2906.4
海南	722.3	657.7	544.6	480.0
重庆	1093.4	1005.8	852.5	764.9
四川	5185.2	4895.4	4388.1	4098.3
贵州	2362.1	2210.6	1945.5	1794.0
云南	4893.2	4581.4	4035.7	3723.8
西藏	6560.2	6011.5	5051.4	4502.8
陕西	1622.9	1451.8	1152.2	981.1
甘肃	1917.0	1749.5	1456.3	1288.7
青海	3100.9	2881.5	2497.5	2278.1
宁夏	180.4	160.3	125.3	105.3
新疆	3438.1	3060.1	2398.6	2020.6

注：全国2000多个站；年降水资源量（R）丰枯等级划分标准为：$R>$指标1为异常丰水；指标1$\geq R \geq$指标2为丰水；指标2$>R>$指标3为正常；指标3$\geq R \geq$指标4为枯水；指标4$>R$为异常枯水。

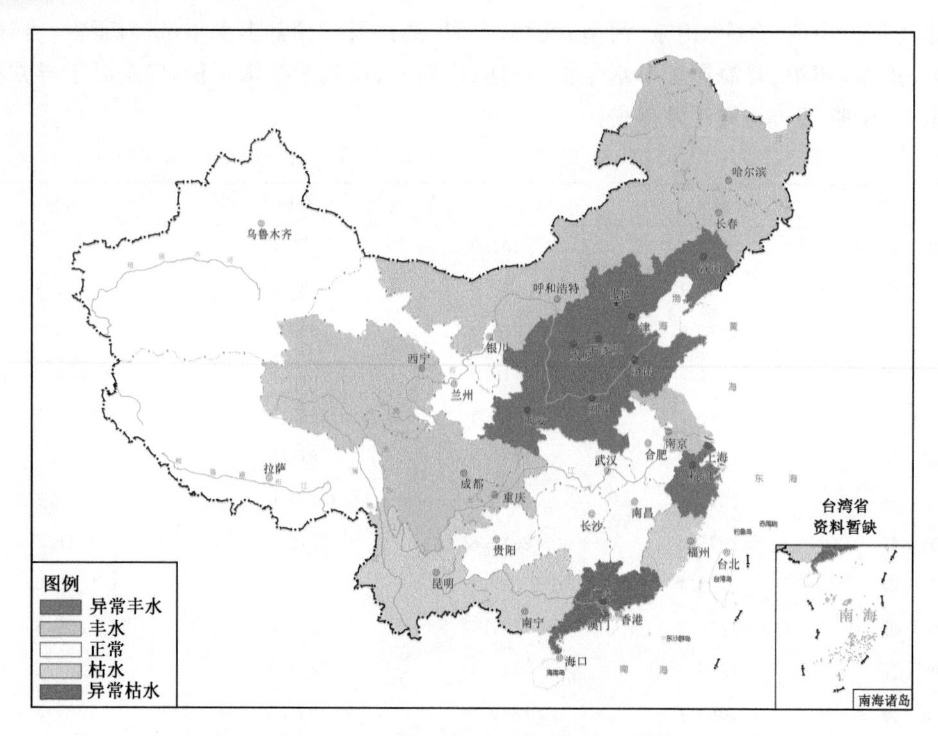

图 3.2.2 2021 年全国年降水资源丰枯等级分布

二、年水资源总量

1. 全国及各省(区、市)水资源量

经统计,2021 年全国水资源总量 29074.4 亿米³,属于比较丰富年份。各省(区、市)水资源量状况评估结果如下:北京、天津、河北、山西、辽宁、上海、浙江、山东、河南、陕西 10 省(市)属于异常丰富年份,内蒙古、吉林、黑龙江、江苏、重庆、四川、青海 7 省(区、市)属于比较丰富年份;福建、广西、云南 3 省(区)属于比较欠缺年份,广东属于异常欠缺年份;其余省份均属正常年份(表 3.2.3)。

表 3.2.3 2021 年全国及各省(区、市)水资源总量评估结果和采用的指标及参数(单位:亿米³)

省(区、市)	年水资源总量	评估结果	指标 1	指标 2	指标 3	指标 4
北　京	54.0	异常丰富	37.7	31.6	21.0	15.0
天　津	36.5	异常丰富	22.4	17.6	9.1	4.2
河　北	359.1	异常丰富	230.6	192.5	126.0	88.0
山　西	156.8	异常丰富	121.1	107.9	84.8	71.5
内蒙古	656.6	比较丰富	682.1	582.8	408.9	309.5
辽　宁	552.8	异常丰富	494.3	398.1	229.7	133.5
吉　林	472.3	比较丰富	533.8	462.1	336.6	264.9
黑龙江	1020.2	比较丰富	1075.2	924.0	659.4	508.2
上　海	56.6	异常丰富	53.4	43.6	26.5	16.8

续表

省(区、市)	年水资源总量	评估结果	指标 1	指标 2	指标 3	指标 4
江　苏	551.9	比较丰富	558.9	462.8	294.5	198.4
浙　江	1330.4	异常丰富	1271.3	1120.6	856.8	706.0
安　徽	822.0	正常	1052.4	891.4	609.6	448.5
福　建	972.0	比较欠缺	1566.7	1369.7	1025.0	827.9
江　西	1393.4	正常	2070.3	1819.6	1381.0	1130.4
山　东	547.2	异常丰富	428.2	339.9	185.4	97.1
河　南	749.0	异常丰富	573.4	471.9	294.2	192.7
湖　北	1042.1	正常	1376.9	1183.8	845.8	652.7
湖　南	1818.1	正常	2146.2	1957.6	1627.4	1438.8
广　东	1314.8	异常欠缺	2325.4	2074.7	1635.9	1385.1
广　西	1581.0	比较欠缺	2399.9	2135.9	1673.9	1409.8
海　南	334.2	正常	471.5	403.2	283.8	215.5
重　庆	649.2	比较丰富	658.6	591.0	472.6	405.0
四　川	2852.0	比较丰富	2856.7	2663.3	2325.0	2131.6
贵　州	1060.5	正常	1204.0	1104.3	929.8	830.1
云　南	1745.6	比较欠缺	2544.7	2321.5	1931.1	1708.0
西　藏	4427.7	正常	4746.2	4554.3	4218.5	4026.6
陕　西	686.4	异常丰富	516.6	435.6	293.9	212.9
甘　肃	228.9	正常	254.3	232.2	193.7	171.7
青　海	708.6	比较丰富	778.4	707.9	584.6	514.1
宁　夏	10.0	正常	10.9	10.4	9.5	9.0
新　疆	884.5	正常	1004.9	952.5	860.8	808.4
全　国	29074.4	比较丰富	30155.1	28738.8	26260.2	24843.8

注：中国 2000 多个站；年水资源总量(W)丰枯等级划分标准为：$W>$指标 1 为异常丰富；指标 1$\geqslant W\geqslant$指标 2 为比较丰富；指标 2$>W>$指标 3 为正常；指标 3$\geqslant W\geqslant$指标 4 为较为欠缺；指标 4$>W$ 为异常欠缺。

根据联合国水资源短缺状况评估指标和等级，2021 年全国人均年水资源量为 2094.2 米^3，介于 1700～2500 米^3，水资源短缺状况为脆弱等级。水资源极缺的区域主要分布在宁夏、上海、天津、北京、河北、山西均不足 500 米^3/人，其中宁夏不足 200 米^3/人；山东、江苏、河南、甘肃介于 500～1000 米^3/人，属于水资源短缺等级；广东、辽宁、安徽介于 1000～1700 米^3/人，属于水资源紧张等级；吉林、湖北、陕西、重庆、浙江、福建介于 1700～2500 米^3/人，属于水资源脆弱等级(图 3.2.3)。

2. 十大流域水资源量

2021 年，十大流域中珠江和西南诸河流域地表水资源量较常年同期偏少；松花江、辽河、海河、黄河、淮河、长江、东南诸河和西北地区内陆河流域较常年同期偏多(图 3.2.4)。

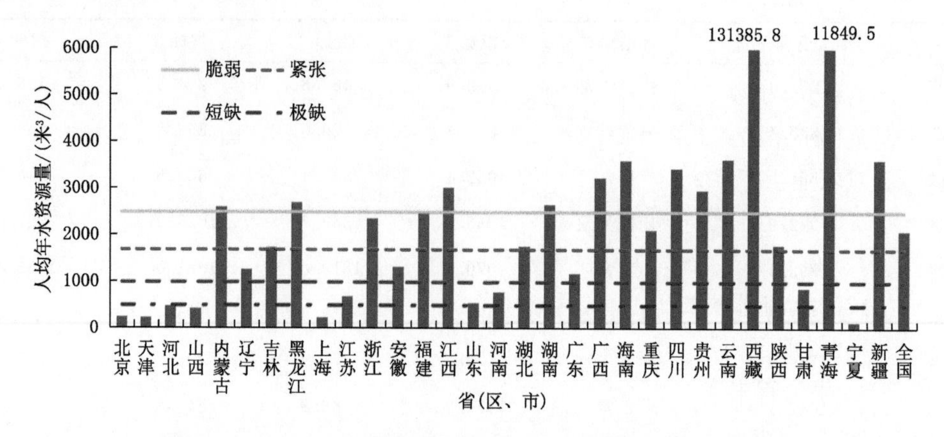

图 3.2.3 2021 年全国及各省(区、市)水资源短缺状况评估

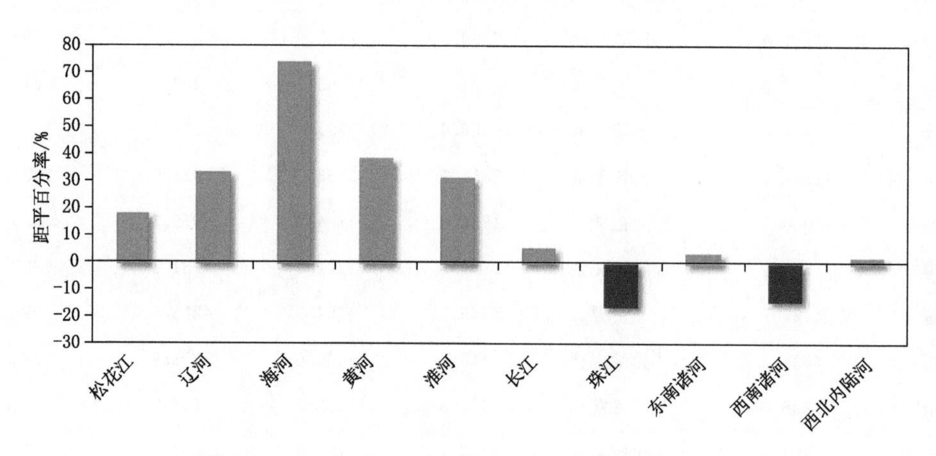

图 3.2.4 2021 年十大流域地表水资源量距平百分率

松花江流域地表水资源量约为 1212 亿米³，较常年偏多 18.0%；辽河流域 518 亿米³，偏多 33.5%；海河流域 199 亿米³，偏多 74.2%；黄河流域 667 亿米³，偏多 38.7%；淮河流域 1055 亿米³，偏多 31.6%；长江流域 10973 亿米³，偏多 5.6%；东南诸河和西北内陆河流域分别较常年偏多 3.6%和 1.8%。珠江流域地表水资源量约为 3794 亿米³，较常年偏少 15.7%；西南诸河流域较常年偏少 13.9%。

三、气候对水资源的影响

1. 云南遭受 2020 年秋末至 2021 年夏初连旱，水库蓄水不足，用水短缺

云南 2020 年 11 月至 2021 年 6 月因降水持续偏少，加上同期气温偏高，遭受 2020 年秋末至 2021 年夏初连旱。其中 2021 年 3 月出现极端高温少雨，干旱持续发展，部分地区出现用水短缺，曲靖市、昆明市等地库塘、湖泊蓄水不足较为突出；5 月滇西北、滇西等地干旱偏重对库塘蓄水不利，至 5 月底，全省库塘蓄水 45.93 亿米³，比 2020 年同期少蓄 0.22 亿米³。昆明市蓄水 70551 万米³，比 2020 年同期少蓄 13231 万米³。

2. 华南阶段性干旱致使径流减少，出现咸潮，蓄水减少

2021 年，广东、广西、福建三省区域平均降水量为 1372.1 毫米，较常年同期偏少 17%，为 1961 年以来第六少。广东年平均气温创历史新高，年降水量为 2005 年以来最少，出现了持续时间长、影响范围广的阶段性气象干旱，致使土壤墒情差，江河水位下降，山塘水库干涸，珠江口出现咸潮，对农业生产、森林防火、生活用水造成了严重影响。其中 1—9 月，广东平均降水量 1089.3 毫米，较常年同期偏少 34%，仅次于 1963 年(1027.3 毫米)，为历史同期第二少，汕头、汕尾、茂名等 20 个市(县)偏少 2～6 成，为历史同期最少。珠江及各河流流域枯水期降水和径流减少，咸潮上溯增强，珠江口出现咸潮，在珠江三角洲西江干流水道广昌泵站、联石湾水闸出现咸潮时间提前至 6 月 21 日、8 月 3 日，为有咸情监测记录以来最早。

福建，2021 年全省主要江河来水特枯。据全年统计，干流控制站实际径流总量 494.80 亿米^3，较常年同期偏少 4 成。其中，闽江偏少 3 成，交溪、木兰溪偏少 2～3 成，晋江偏少近 5 成，九龙江、汀江偏少近 7 成。全省大中型水库来水持续偏枯，至 2021 年末，全省 142 座大中型水库蓄水总量 82.70 亿米^3，较常年同期偏少 5%。其中 21 座大型水库蓄水总量为 67.49 亿米^3，较常年同期偏少 5%。

3. 全国大部分水库上游流域降水偏多利于蓄水

通过对 75 个大 1 型水库(个别为大 2 型(1 亿～10 亿米^3))上游流域年降水量的统计分析表明，全国有 65% 的水库上游流域平均年降水量较常年偏多，北京、河北、湖北、吉林、江苏、辽宁、内蒙古、青海、山东、山西、陕西、天津、新疆、浙江、重庆等省(区、市)的全部水库以及安徽、广西、贵州、河南、湖南、江西、四川的部分水库上游流域降水量较常年偏多，其中河北岳城水库、内蒙古察尔森水库、河南鸭河口水库、天津于桥水库、北京密云水库偏多超过 60%，对水库蓄水有利；其余 35% 的水库上游流域平均年降水量较常年偏少，包括福建、甘肃、广东、黑龙江、宁夏、西藏、云南的全部水库以及安徽、广西、贵州、河南、湖南、江西、四川的部分水库，其中广东枫树坝水库、云南西洱河一级水库、广东新丰江水库、福建棉花滩电站水库偏少 30% 以上(图 3.2.5)，影响水库蓄水。

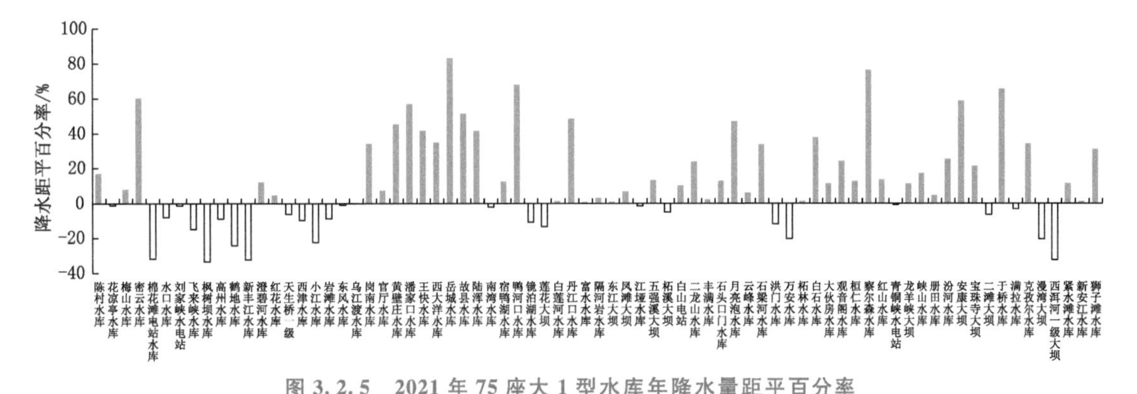

图 3.2.5　2021 年 75 座大 1 型水库年降水量距平百分率

第三节　气候对生态的影响

2021 年植被生长季(5—9 月)，全国平均气温 20.0 ℃，较 2001—2010 年同期偏高 0.5 ℃，为历史同期最高。从空间分布来看,除东北南部、华北北部、内蒙古中东部等地气温偏低外,全国大部地区平均气温高于常年同期。华北西部、黄淮中部、江淮中东部、江南大部、华南大部、西南南部、西北东部、新疆大部、西藏大部及黑龙江中东部、青海东部、四川西部等地气温偏高 0.5~1.0 ℃,其中黑龙江东部、湖南南部、江西南部、福建南部、广东大部、广西大部、云南东北部、陕西北部、宁夏大部、甘肃南部、新疆北部等地偏高 1.0 ℃以上(图 3.3.1a)。

2021 年植被生长季,全国平均降水量 492.4 毫米,较 2001—2010 年同期偏多 8.2%。东北西部、内蒙古东部、华北东部、黄淮大部、江淮东部、江南东部、新疆西南部及陕西南部、四川东部、重庆大部等地降水量偏多 2~5 成,其中东北西部、内蒙古东部、华北东部、黄淮西部、新疆西南部及浙江大部、陕西南部、四川东部、重庆西北部等地降水量偏多 5 成至 1 倍,局地降水量偏多 1 倍以上;华南大部、西北东部、内蒙古西部及新疆北部和东部、西藏北部、云南中部等地降水量偏少 2~5 成,其中内蒙古西部、新疆东南部等地降水量偏少 5 成以上;全国其余地区降水量接近 2001—2010 年同期(图 3.3.1b)。

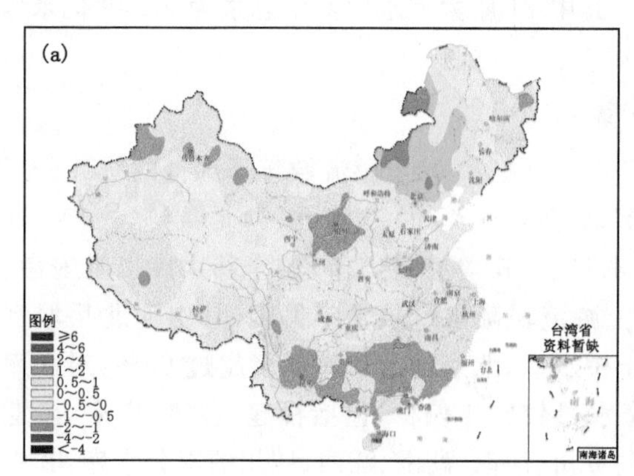

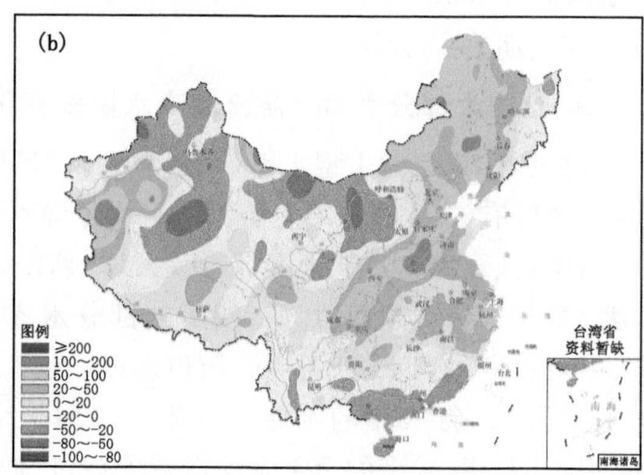

图 3.3.1 2021 年植被生长季(5—9 月)全国平均气温距平(a, 单位:℃)与全国降水量距平百分率(b, 单位: %)分布

从逐月降水条件来看,5 月,西北西北部、东北南部、华北大部、黄淮大部、江淮北部、华南南部、西南中部和南部等地降水偏少 2 成以上,不利于植被生长;6 月,黄淮西部,江淮,江南大部,华南东部、北部和南部及湖北大部、重庆南部、新疆大部、甘肃西北部等地降水较常年同期偏少 2 成以上,不利于植被生长;7 月,新疆东部、甘肃大部、内蒙古西部、宁夏、陕西北部及广东大部、广西东部、东北地区东部等地降水偏少 5 成以上,不利于植被生长;8 月,新疆东南部、青海西北部、甘肃西北部和东南部、内蒙古西部、宁夏北部等地降水较常年同期偏少 5 成以上,不利于植被生长;9 月,江淮南部、江南大部、华南中东部、西北地区西部及山西西北部、云南大部等地降水较常年同期偏少 2 成以上,不利于植被生长。

根据卫星遥感数据监测,2021 年植被生长季(5—9 月),全国平均归一化植被指数(NDVI)为 0.47,较常年同期偏高 6.6%,创 2000 年以来历史新高(图 3.3.2)。从空间分布来看,东北西部及内蒙古东部、甘肃东南部、山西、陕西中部等地植被指数明显偏高,植被长势偏好。内蒙古、吉林、云南、陕西、北京等省(区、市)植被指数均为 2000 年以来历史同期最高。

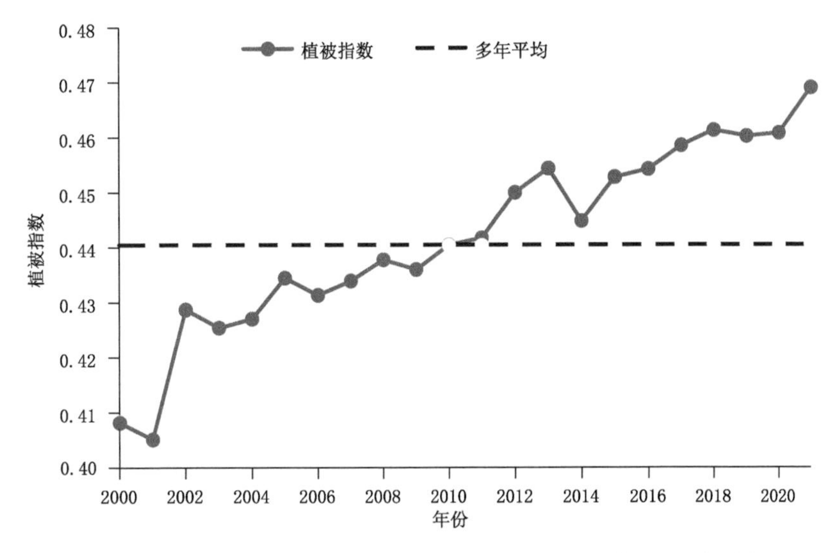

图 3.3.2 2000—2021 年 5—9 月全国平均归一化植被指数历年变化

第四节 气候对大气环境的影响

2021 年，除青海、西藏和四川大部以及云南西北部偏低以外，全国其余地区大气自净能力指数均高于近 20 年同期 5%以上，其中东北地区中部以及京津冀南部、山东西部至河南中东部、湖南北部、贵州北部至重庆北部偏高 30%以上，以上地区大气条件对污染物的清除能力有了较大提升。年内，大气污染过程集中发生在 1—2 月，京津冀及周边“2+26”城市*共有 3 次区域重度污染过程，由于大气自净能力偏弱、混合层高度较低、相对湿度较高等因素的综合影响，1 月 21—26 日和 2 月 11—14 日分别发生了以 $PM_{2.5}$ 为首要污染物的重度污染过程。总体来看，2021 年全国以及京津冀、长三角、珠三角和汾渭平原大气对污染物的清除能力均较近 20 年同期偏强，有助于空气质量的改善。

一、基本特征

大气自净能力反映大气对污染物的通风扩散和降水清除能力。2021 年，东北南部和中部、内蒙古中东部、华北东部和北部、青藏高原大部及山东、海南大部、江苏东部、四川中西部等地的大气自净能力指数在 3.6 吨/(天 · 千米^2)以上，大气对污染物的清除能力较强；新疆西部局地、四川中部局地大气自净能力指数小于 1.6 吨/(天 · 千米^2)，大气对污染物的清除能力较差；全国其余大部地区大气对污染物的清除能力一般(图 3.4.1)。

2021 年，全国平均大气自净能力指数为 3.16 吨/(天 · 千米^2)，较近 20 年(2001—2020 年)同期偏高 12.4%，较 2013 年(大气“国十条”实施初期)偏高 12.3%。除青海、西藏和四川大部以及云南西北部偏低以外，2021 年全国其余地区大气自净能力指数均高于近 20 年同期

---

* 根据环境保护部《京津冀及周边地区 2017 年大气污染防治工作方案》，“2+26”城市是指：京津冀大气污染传输通道，包括北京，天津，以及河北省石家庄、唐山、廊坊、保定、沧州、衡水、邢台、邯郸，山西省太原、阳泉、长治、晋城，山东省济南、淄博、济宁、德州、聊城、滨州、菏泽，河南省郑州、开封、安阳、鹤壁、新乡、焦作、濮阳共 28 个城市。

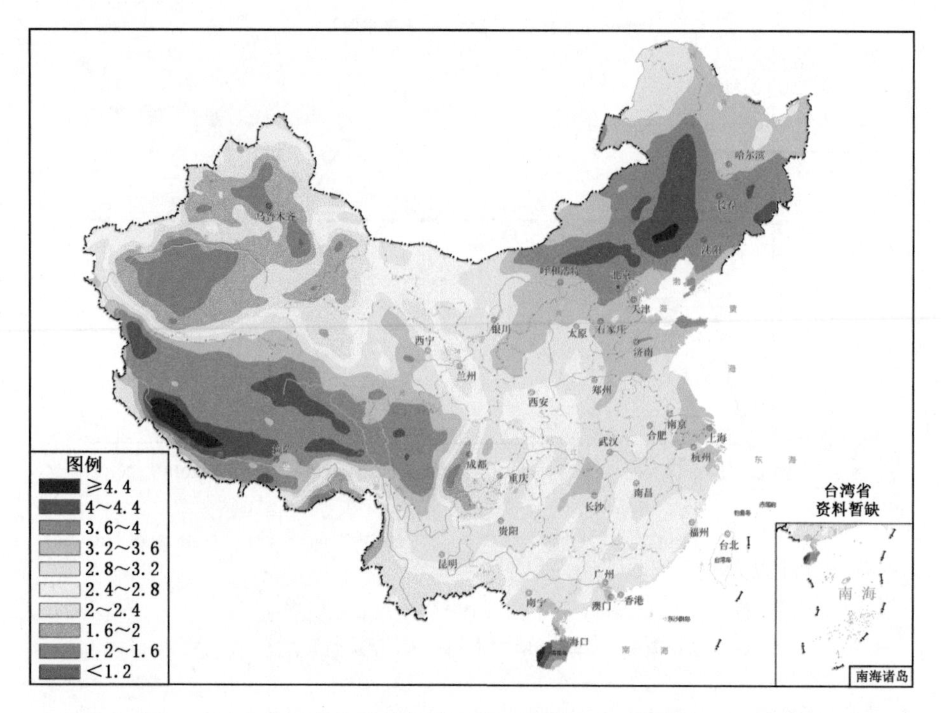

图 3.4.1　2021 年全国年平均大气自净能力指数分布(单位:吨/(天・千米²))

5%以上，其中东北地区中部以及京津冀南部、山东西部至河南中东部、湖南北部、贵州北部至重庆北部偏高 30%以上，以上地区大气对污染物的清除能力有了较大的提升(图 3.4.2)。

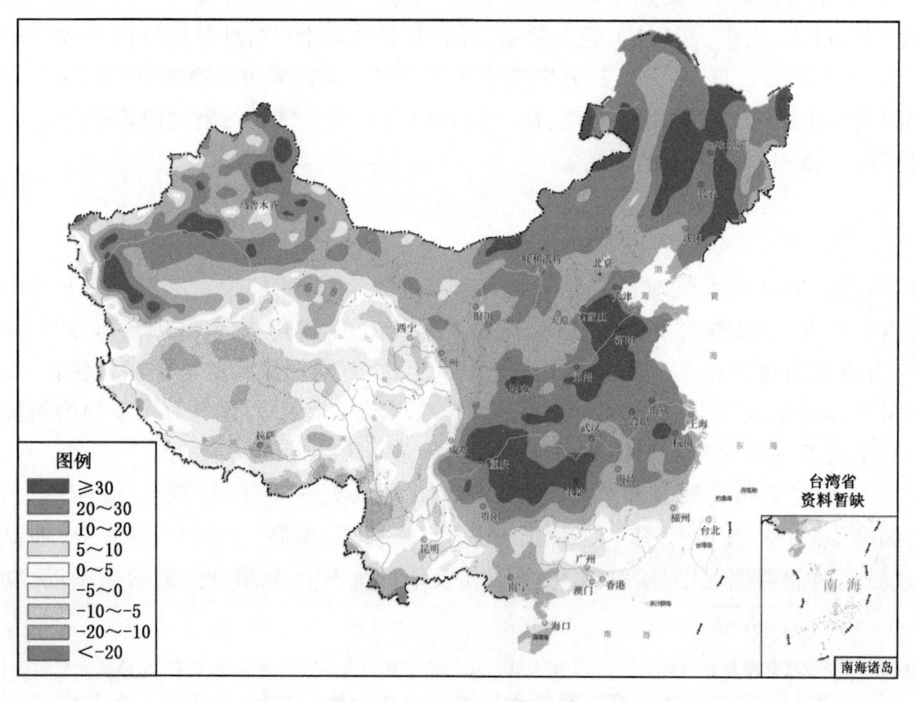

图 3.4.2　2021 年全国年平均大气自净能力指数距平百分率分布(单位:%)

2021年，全国大气污染防控重点地区中，京津冀、长三角、珠三角和汾渭平原年平均大气自净能力指数相对2013年以及近20年平均明显偏高，低自净能力日数较近20年平均明显偏少，而珠三角相对2013年和近20年平均的变化幅度均较小(表3.4.1)。

表3.4.1 2021年大气污染防控重点地区大气自净能力和低自净能力日数变化特征

地区	大气自净能力指数		低自净能力日数	
	距平百分率/% (2021年相对2013年)	距平百分率/% (2021年相对2001—2020年平均)	2021年日数 /天	距平百分率/% (2021年相对2013年)
京津冀	28.7	26.2	118	−40.1
长三角	22.6	18.3	151	−32.9
珠三角	5.7	6.7	193	−8.5
汾渭平原	18.7	17.2	134	−33.7

二、典型事件分析

2021年1—2月以及10—12月，京津冀及周边“2+26”城市共发生区域重污染过程3次，其中1月12—14日过程受沙尘天气过程影响，首要污染物为PM_{10}，1月21—26日、2月11—14日过程首要污染物为$PM_{2.5}$。1—2月我国受纬向环流控制，冷空气活动较弱，大气扩散形势总体不利，而下半年的冬季(10—12月)大气扩散形势较好，大气自净能力指数较近20年同期偏高18.3%。因此，从表3.4.2来看，相较2019年和2020年同期(分别为5次和4次)，以$PM_{2.5}$为首要污染物的重污染过程发生次数明显偏少且集中发生在2021年1月和2月。1月21—26日的过程持续6天，较低的大气自净能力指数和混合层高度造成了$PM_{2.5}$颗粒物的积聚，接近70%的相对湿度则有利于$PM_{2.5}$颗粒物的吸湿性增长和二次气溶胶生成，此次过程中重度污染集中发生在山东和河南的14个城市，14市过程平均空气质量指数(AQI)为214，其中峰值日为22日，AQI达到246。从850百帕风场距平来看，持续的南风可能造成过程中污染物的向北输送，22—25日京津冀南部的石家庄市、邯郸市和邢台市也相继出现重度污染(表3.4.2)。2月11—14日的过程持续4天，区域大气自净能力指数和混合层高度分别偏低17.9%和11.0%(表3.4.2)，大气的水平和垂直扩散能力较弱，不利于污染物的清除。此次过程中京津冀平原地区大气自净能力指数偏低26.7%，较“2+26”城市范围的偏低幅度更大，重度污染集中发生在该地区，平均AQI为181。总体来看，2021年较强的大气扩散能力总体有利于污染物的清除，与之相关的是，1—2月以及10—12月京津冀及周边“2+26”城市区域重污染过程发生次数较少，且过程污染强度较轻。

表3.4.2 2021年1—2月、10—12月京津冀及周边“2+26”城市区域2次重污染过程气象条件

重污染过程	持续时间/天	过程平均AQI	平均大气自净能力指数距平百分率/%	相对湿度	混合层高度距平百分率/%
1月21—26日	6	181	−20.2	66.0	−25.5
2月11—14日	4	148	−17.9	69.5	−11.0

注：京津冀及周边“2+26”城市区域大气重污染过程定义为：某时段内，京津冀及周边“2+26”城市中有5个及以上城市AQI≥200的时间即为过程起始日，AQI≥200的城市少于5个时为该过程结束日，且过程持续3天及以上，中间允许有1天不连续。此处仅列出以$PM_{2.5}$为首要污染物的过程。大气自净能力指数和混合层高度为中尺度数值模拟结果，相对湿度为地面气象观测结果。气候值为2001—2020年同期(5天滑动平均)均值。

第五节 气候对能源需求的影响

2020/2021年冬季采暖季，北方冬季平均气温较常年同期偏高，采暖度日较常年同期偏少，采暖需求减少；兰州、太原、银川、沈阳采暖初日较常年偏晚7～14天，郑州和济南采暖初日分别提前10天和12天，大部分采暖结束日期较常年偏早，平均采暖期长度比常年偏少15天。除哈尔滨和长春外，大部分北方城市受气温偏暖影响，采暖耗能均较常年同期减少，其中济南和郑州降幅尤为显著，分别为62.1%、97.5%。2021年夏季，全国大部分地区气温较常年同期偏高，降温耗能相应也较常年同期偏高。6月，大部分省会城市均较常年同期偏高，其中南昌、郑州、兰州、太原、银川降温耗能增幅为102%～204%；7月，沈阳、兰州、长春、哈尔滨、乌鲁木齐、银川等地降温耗能增幅尤为显著，为120%～324%；8月，14个省会城市平均气温较常年同期偏高，降温耗能普遍增加3%～50%。

一、气候对北方冬季采暖耗能的影响

1. 采暖季气温

2021年采暖季（2020年11月至2021年3月），北方地区平均气温为－3.3 ℃，较常年（1981—2010）同期偏高1.2 ℃，较2020年偏低0.3 ℃（图3.5.1）。1961—2021年采暖季北方地区的平均气温整体呈上升趋势，上升速率约为0.04 ℃/年。

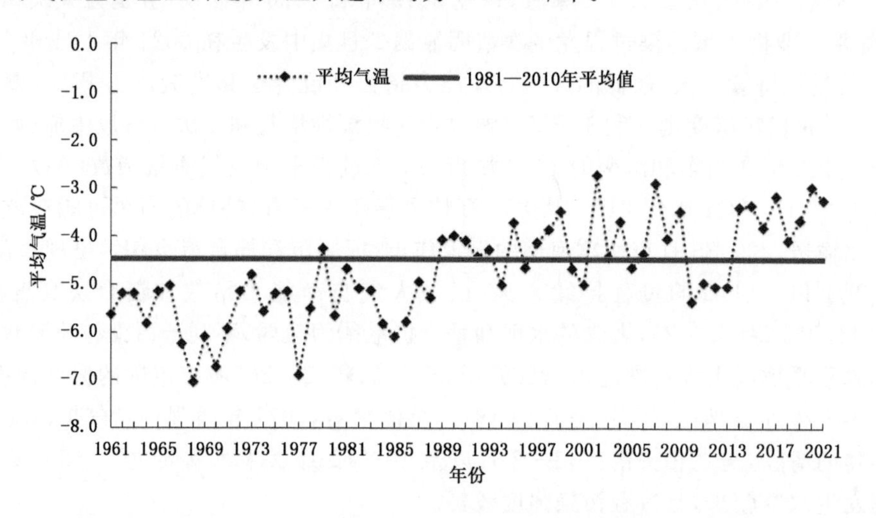

图3.5.1 1961—2021年采暖季（11月至次年3月）北方地区平均气温变化

2. 采暖期长度及采暖度日

（1）采暖初日和终日。2021年我国北方主要城市中，兰州、太原、银川、沈阳采暖初日较常年偏晚7～14天，郑州和济南采暖初日分别提前10天和12天，其他北方主要城市采暖初日接近于常年同期；大部分城市采暖结束日期较常年偏早，兰州、哈尔滨、长春、太原、银川、济南、郑州采暖结束日期提前12天以上，其中济南和郑州采暖结束日期分别提前28天和30天；北方主要城市采暖期长度平均偏少15天，其中哈尔滨、济南、兰州、郑州、沈阳、太原、银川采暖期缩短12～30天（表3.5.1）。

表 3.5.1　2020/2021 年北方省会城市采暖初、终日期和采暖期长度及距平

站点	初日（年-月-日）	初日距平/天	终日（年-月-日）	终日距平/天	采暖期长度/天	采暖期长度距平/天
哈尔滨	2020-10-22	−2.4	2021-03-27	−14.2	157	−11.9
乌鲁木齐	2020-10-29	−1.7	2021-04-02	1.5	156	3.2
西宁	2020-10-26	1.2	2021-04-05	1.5	162	0.2
兰州	2020-11-18	6.6	2021-03-04	−11.6	107	−18.2
呼和浩特	2020-10-27	−0.6	2021-03-24	−8.7	149	−8.1
银川	2020-11-18	10.8	2021-03-03	−19.1	106	−29.8
石家庄	2020-11-20	−1.3	2021-03-05	−0.4	106	0.9
太原	2020-11-19	8.5	2021-03-03	−17.9	105	−26.4
长春	2020-10-22	−5.0	2021-03-23	−17.1	153	−9.4
沈阳	2020-11-19	13.8	2021-03-23	−8.9	125	−22.8
北京	2020-11-20	3.0	2021-03-09	−3.9	110	−7.0
天津	2020-11-20	2.0	2021-03-09	−5.3	110	−7.3
济南	2020-11-20	−11.7	2021-01-27	−28.2	69	−16.5
郑州	2020-11-24	−10.1	2021-01-25	−29.9	63	−19.8
北方省会平均					105.2	−15.3

注：初、终日距平负值表示日期提前，正值表示日期推迟；采暖期长度距平负值表示缩短，正值表示延长。

（2）采暖期长度。2021 年北方地区大部分地区由于采暖初日偏晚、采暖终日偏早，导致平均采暖期长度偏短（表 3.5.1）。北方地区平均采暖期长度为 141 天，较常年少 9 天。呼和浩特、沈阳、长春、哈尔滨等采暖期较长地区较常年同期有所缩短，采暖期长度在 125～157 天之间；而乌鲁木齐较常年同期延长 3 天，其采暖期长度为 156 天；西宁接近常年同期，采暖期长度为 162 天。1961—2021 年北方地区平均采暖期长度变化显示，1961—1995 年北方地区平均采暖期长度较长，1996—2021 年北方地区平均采暖期长度呈波动缩短趋势，其中，2021 年较常年平均长度偏短 9 天（图 3.5.2）。

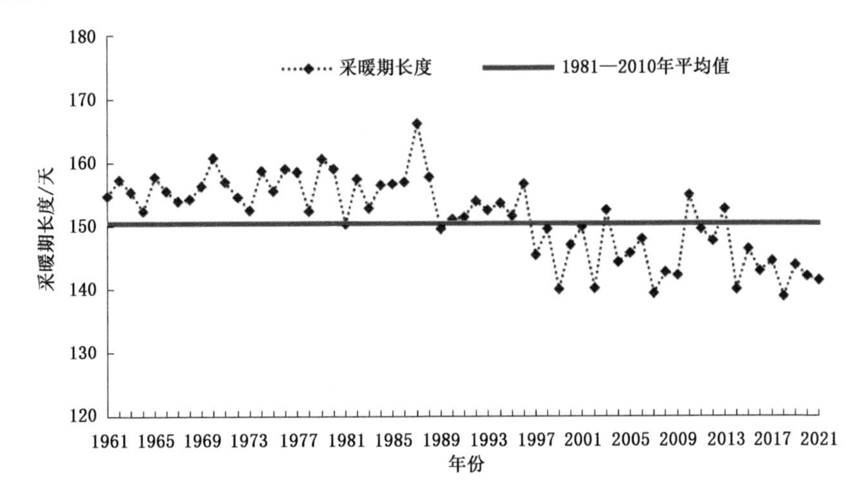

图 3.5.2　1961—2021 年北方地区平均采暖期长度变化

(3)采暖度日。2021 年北方地区采暖季平均气温偏高、采暖期偏短,采暖需求减少。2021 年北方地区采暖度日总量为 1410.2 ℃·日,较常年偏少 127.4 ℃·日(图 3.5.3)。1961—2021 年北方地区采暖度日总量变化显示,1961—1988 年采暖度日总量较高,1989—1993 年采暖度日显著降低,1994—2021 年采暖度日数波动较大,近 8 年采暖度日数均在常年值以下。

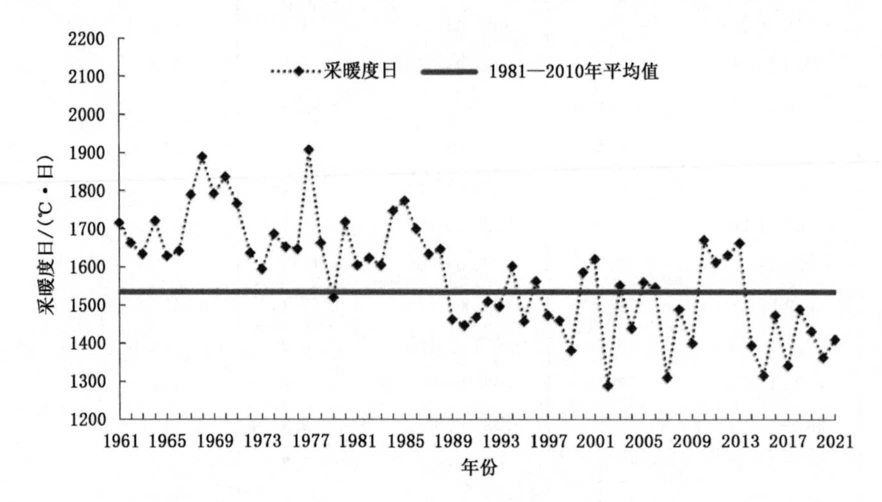

图 3.5.3 1961—2021 年北方地区采暖度日总量变化

3. 温度变化对北方冬季采暖影响评价

(1)单站采暖耗能。表 3.5.2 显示,2020 年 12 月,北方省会城市中除长春、郑州较常年偏高 0.2~0.3 ℃外,其他城市均较常年偏低 0.3~3.9 ℃;其中,北京、天津、西宁、太原、银川、乌鲁木齐、呼和浩特较常年同期偏低 1.2~3.9 ℃,采暖耗能增幅为 10.7%~25.1%。2021 年 1 月,北方省会城市中济南、石家庄、太原、银川、郑州气温均较常年同期偏高 1.1~2.4 ℃,采暖耗能降幅为 14.3%~48.0%;北京、哈尔滨、长春偏低 0.6~4.7 ℃,采暖耗能增幅为 6.3%~22.7%;其他城市气温和采暖耗能接近常年同期。2021 年 2 月,除哈尔滨外,大部分北方省会城市气温均较常年同期偏高 1.8~5.6 ℃;其中,济南、石家庄、郑州、银川偏高 4.6~5.6 ℃,采暖耗能降幅为 63.7%~147.9%。

表 3.5.2 2020/2021 年冬季北方部分站点月气温距平(单位:℃)和采暖耗能变率(单位:%)

站点	12 月		1 月		2 月		主采暖期	
	气温距平	耗能变率	气温距平	耗能变率	气温距平	耗能变率	气温距平	耗能变率
哈尔滨	−0.95	5.45	−1.50	6.26	−0.80	4.09	−1.08	5.27
乌鲁木齐	−2.97	18.17	−0.07	0.48	4.17	−27.19	0.38	−2.85
西宁	−1.22	10.70	−0.15	1.48	3.22	−37.25	0.62	−8.36
兰州	−0.30	1.75	−0.07	0.67	3.05	−50.57	0.89	−16.05
呼和浩特	−3.92	25.06	0.16	−0.95	3.64	−30.58	−0.04	−2.16
银川	−1.77	15.20	2.19	−16.64	5.55	−63.65	1.99	−21.70
石家庄	−0.25	3.47	1.45	−18.48	4.81	−98.82	2.00	−37.95

续表

站点	12月		1月		2月		主采暖期	
	气温距平	耗能变率	气温距平	耗能变率	气温距平	耗能变率	气温距平	耗能变率
太原	−1.73	15.72	1.55	−14.27	4.10	−59.64	1.31	−19.40
长春	0.20	−0.30	−4.74	22.70	—	—	−2.27	11.20
沈阳	−0.67	5.42	0.16	−1.04	1.81	−15.44	0.43	−3.68
北京	−1.15	16.23	−0.57	6.91	2.56	−42.72	0.28	−6.52
天津	−1.20	17.62	−0.09	1.50	3.31	−58.65	0.67	−13.18
济南	−1.13	—	1.12	−15.72	4.61	−108.42	1.53	−62.07
郑州	0.34	—	2.44	−47.03	5.22	−147.92	2.67	−97.48

注：—表示数据缺失。

从2021年冬季主采暖期来看，哈尔滨和长春平均气温均较常年同期偏低1.1～2.3 ℃，采暖耗能降幅为5.3%～11.2%；其他大部分北方地区省会城市平均气温均较常年同期偏高，其中银川、石家庄、郑州偏高2.0～2.7 ℃以上，而济南和郑州的采暖耗能降幅较大，分别为62.1%、97.5%。

(2)区域采暖耗能。2020/2021冬季，北方15省(区、市)采暖耗能评估结果显示(图3.5.4)，除黑龙江外，大部分地区气温均较常年同期偏高，采暖耗能普遍较常年同期减少，其中河南、山东、陕西、山西、宁夏气温偏高1 ℃以上，采暖耗能降幅超10%，河南、山东降幅分别为45%和25%。

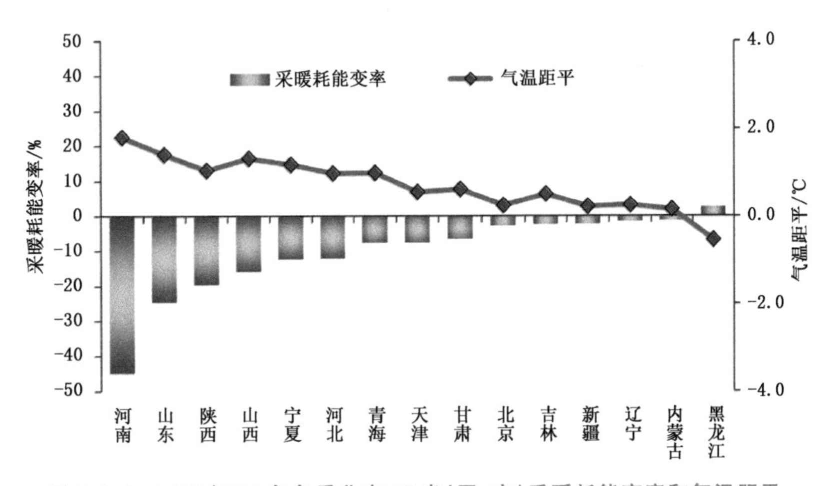

图3.5.4　2020/2021年冬季北方15省(区、市)采暖耗能变率和气温距平

从冬季各月来看，2020年12月，除青海、黑龙江、吉林外，北方大部分地区平均气温均低于常年同期，其中内蒙古、新疆、宁夏等省(区)气温偏低超过2 ℃；北方大部分地区采暖耗能有所增加，较常年同期偏多10%～23%。2021年1月，北方大部地区气温较常年同期偏高，采暖耗能降低，其中河南、山西、陕西、宁夏、山东平均气温偏高0.9 ℃以上，采暖耗能降幅为8%～35%；辽宁、内蒙古、天津、新疆、北京、黑龙江6省(区、市)气温较常年同期偏低，采暖耗能增加，其中黑龙江、新疆、北京采暖耗能增幅为4%～6%。2月，除黑龙江以外的其余14省(区、市)气温均

高于常年同期，采暖耗能较常年同期减少10%～70%，河南、山东、陕西降幅为75%～140%。

二、气候对夏季降温耗能的影响

2021年夏季，全国大部地区气温较常年同期偏高，降温耗能相应较常年同期增加。据电力部门统计，2021年夏季全国用电量为22398亿千瓦时，同比增长7.6%，其中6月、7月和8月用电量分别为7033亿千瓦时、7758亿千瓦时和7607亿千瓦时，分别同比增长9.8%、12.8%和3.6%。

6月，有21个省会城市平均气温较常年同期偏高，其中重庆、银川、南昌、郑州偏高1.4～2.9 ℃；受气温偏高影响，降温耗能普遍增加，其中南昌、郑州、兰州、太原、银川降温耗能增幅为102%～204%。长春、沈阳、哈尔滨、呼和浩特、乌鲁木齐平均气温较常年同期偏低，降温耗能不同程度减少，其中沈阳、长春降温耗能减少较多，为55%～77%。

7月，大部分省会城市平均气温较常年同期偏高，其中兰州、长春、哈尔滨、乌鲁木齐、银川等地偏高2.5～3.3 ℃。气温偏高导致降温耗能普遍增加，其中沈阳、兰州、长春、哈尔滨、乌鲁木齐、银川等地降温耗能增幅尤为显著，为120%～324%。合肥、南京、济南、呼和浩特气温较常年同期偏低，降温耗能减少1%～23%(图3.5.5)。

8月，有14个省会城市平均气温较常年同期偏高，降温耗能普遍增加3%～50%，其中太原、银川、兰州气温偏高1～1.6 ℃，降温耗能增幅为91%～137%；其余12个省会城市平均气温较常年同期偏低，其中哈尔滨、长春、沈阳、呼和浩特偏低0.5～1.7 ℃，降温耗能减幅为53%～190%。

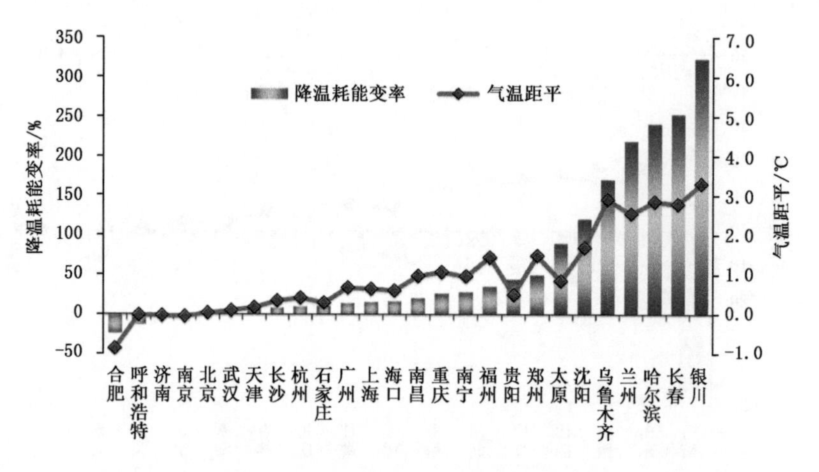

图3.5.5 2021年7月主要城市降温耗能变率和气温距平

第六节 气候对人体健康的影响

2021年，全国平均舒适日数129.1天，略少于常年。春夏两季舒适日数接近常年同期，秋冬两季舒适日数较常年同期偏少。冬季冷空气和寒潮造成心脑血管、呼吸道疾病和肩颈痛患者增多，夏季大范围持续高温导致多地医院中暑、呼吸道疾病和胃肠道疾病患者增多。

一、舒适日数基本特征

1. 年舒适日数

2021 年,全国平均舒适日数 129.1 天,略少于常年(132.9 天)(图 3.6.1)。东北地区大部、内蒙古东部、华北大部、江南大部、华南及河南西部、湖北中部、重庆、贵州北部、四川东部和中部、新疆大部、西藏大部等地舒适日数较常年偏少,其中江南西南部、华南大部及黑龙江南部、吉林大部、河南西部、湖北中部、重庆大部、四川东部等地偏少 10～30 天,局地偏少 30 天以上;全国其余地区较常年同期偏多,江南东北部及云南北部、西藏东南部等地偏多 10～30 天,局地偏多 30 天以上(图 3.6.2)。

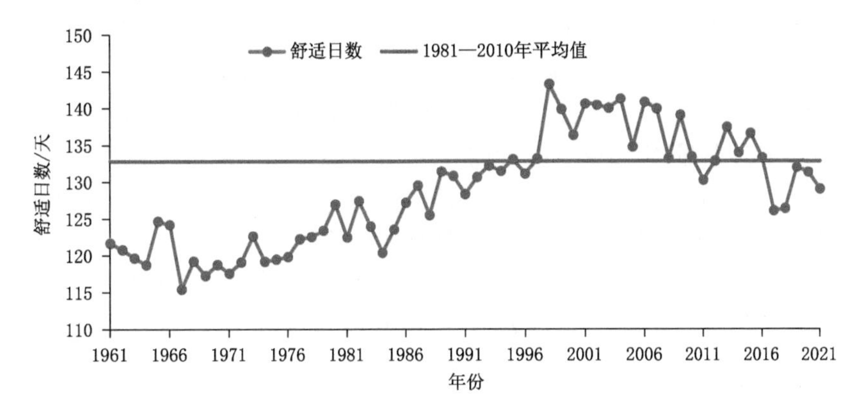

图 3.6.1　1961—2021 年全国平均年舒适日数历年变化

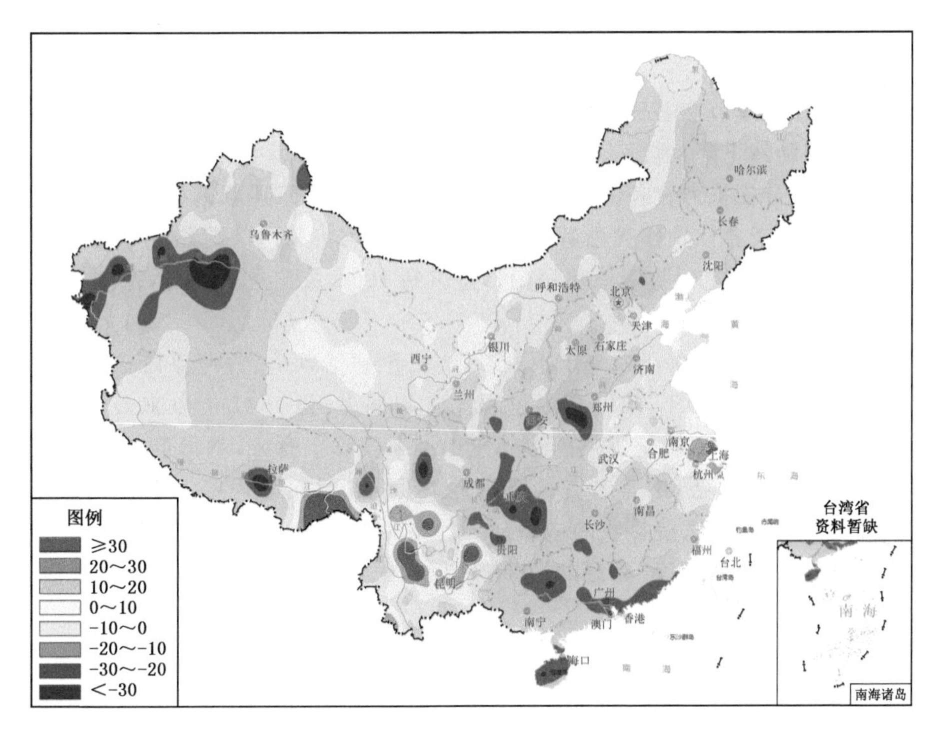

图 3.6.2　2021 年全国年舒适日数距平分布(单位:天)

2. 四季舒适日数

(1)冬季舒适日数较常年同期偏少。2020/2021 年冬季，全国平均舒适日数有 22.7 天，较常年同期(25.1 天)偏少 2.4 天。空间分布上呈现北少南多。新疆大部、西藏东北部和西南部、甘肃东南部、四川中北部、重庆西南部、贵州北部和中部、陕西西南部、山西东南部、河北东北部和西南部、河南中部等地舒适日数较常年同期偏少 5～20 天，局地偏少 20 天以上；黄淮大部、江淮、江汉东部、江南大部及云南北部、广西东北部等地偏多 5～20 天，其中江苏东南部、上海、浙江东北部等地偏多 20 天以上；全国其余大部地区舒适日数接近常年同期。

(2)春季舒适日数接近常年同期。2021 年春季，全国平均舒适日数有 28.4 天，接近常年同期(27.9 天)。全国大部地区舒适日数接近常年；辽宁西南部、河北东北部、山西东南部、陕西北部、河南西部、广东东南部及海南等地舒适日数较常年同期偏少 5～10 天，局部偏少 10 天以上；江南东部及云南大部、四川南部等地偏多 5～20 天，局地偏多 20 天以上。

(3)夏季舒适日数接近常年同期。2021 年夏季，全国平均舒适日数有 49.1 天，接近常年同期(50.0 天)。东北中部、华北东南部、黄淮大部、江淮、江汉东部、江南东北部及贵州东部等地舒适日数较常年同期偏少 5～20 天；其余大部地区接近常年同期或偏多，其中内蒙古东北部及青海西部、西藏东南部、四川西南部和西北部等地偏多 5～20 天。

(4)秋季舒适日数较常年同期偏少。2021 年秋季，全国平均舒适日数有 27.4 天，较常年同期(29.9 天)偏少 2.5 天。江汉、江南大部、华南及河南西部、陕西西南部、重庆、四川东部、贵州大部等地舒适日数偏少 5～20 天，湖南南部、广西东北部、广东西北部等地偏少 20 天以上；其余地区接近常年或偏多，内蒙古西部及陕西西北部、宁夏等地偏多 5～20 天，局部偏多 20 天以上。

二、气候对人体健康的影响

冬季或冬春、秋冬季节交替时，寒潮或冷空气容易诱发呼吸系统和心脑血管疾病。2020 年 12 月中旬，气温陡然下降，厦门心脑血管和重症肺炎疾病患者明显增多。2021 年 10 月，湿冷天气持续多日，部分抵抗力较差的老人和小孩纷纷病倒，江苏某急诊科感冒、哮喘、慢阻肺、肺气肿、肺炎、支气管炎急性发作的患者均有增加；此外，河南某地医院儿科呼吸道疾病患者数量逐步攀升，24 小时急诊量仅呼吸道疾病门诊量就在 1000 人以上。11 月，寒潮导致杭州看颈肩痛的病人骤然增多。

夏季高温天气对人体健康造成一定不利影响，心脑血管疾病、呼吸系统疾病、儿童呼吸道疾病和中暑风险升高。2021 年，我国高温过程比常年偏多，为 1961 年以来最多，多地医院中暑患者增多。7 月，上海多家医院发热门诊与急诊迎来就诊小高峰，就诊患者多为急性上呼吸道感染，感冒、发烧最为常见，还有患者因贪凉吃坏肚子，引起腹泻等一系列消化道疾病。7 月，持续性的高温致使厦门医院接收的中暑病人比平时增长三成。7 月，潍坊市各大医院呼吸道疾病、胃肠道疾病以及中暑等“高温病”患者猛增，1—10 日，仅 10 天时间，中暑报警事件便达 17 例。

第七节　气候对交通的影响

一、气候对交通运营的影响

2021年，全国大部分地区交通运营不利日数(10毫米以上降水、雪、冻雨、雾及扬沙、沙尘暴、大风)有20～60天，其中江淮东部、江汉大部、江南大部、西南东部和南部及辽宁东部、黑龙江中部和西北部、内蒙古东北部和西部、福建中北部等地超过60天(图3.7.1)。

与常年相比，东北大部、华北东部和南部、黄淮、江淮大部、江汉、江南北部和西部、西南东部及内蒙古东部、陕西中南部、广西北部、新疆北部等地交通运营不利日数偏多20天以上；华南东部及青藏高原大部偏少，局部地区偏少10天以上(图3.7.2)。

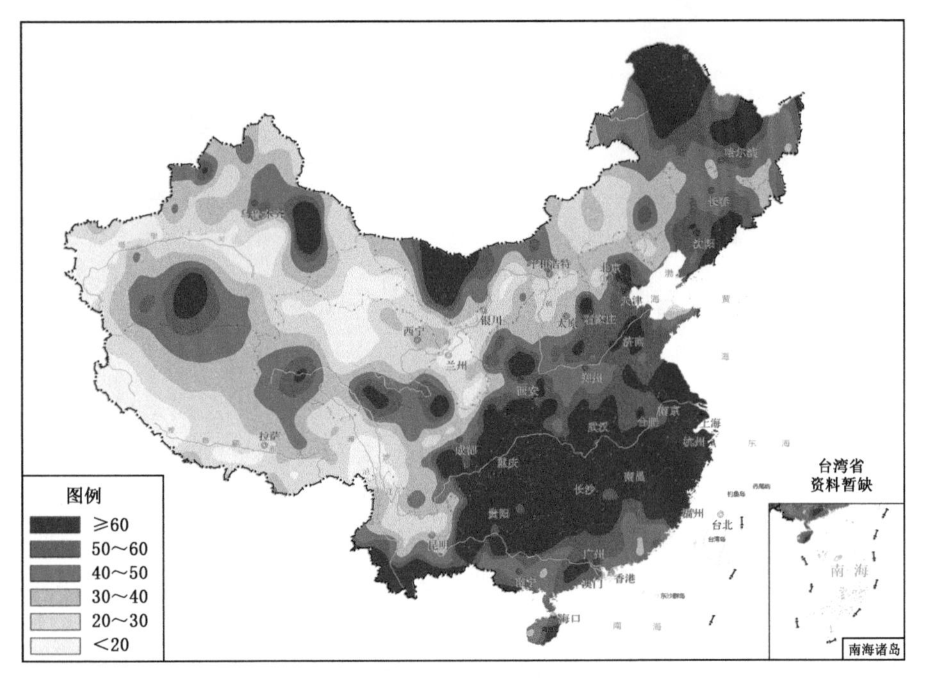

图3.7.1　2021年全国交通运营不利日数分布(单位:天)

二、气候对交通影响事例

2021年，大雾、雨雪冰冻、台风、暴雨、强对流、大风、沙尘等不利天气给居民出行、交通运输等造成较大影响。

1. 大雾

受大雾天气影响，1月28日，湖北潜江沪渝高速1026段因大雾约20辆车发生连环追尾事故。2月17日，江西、湖北、湖南、新疆境内46条高速65个路段封闭。12月9—10日，受大雾天气影响，天津、山东济南、青岛等12市辖区部分高速公路收费站采取临时管控措施，秦滨高速、京哈高速、京沪高速和荣乌高速等全线收费站入口封闭。12月22日，江西有43站出现大雾，南昌、九江、宜春等市的部分地区出现能见度小于200米的浓雾，对交通出行造成影响，

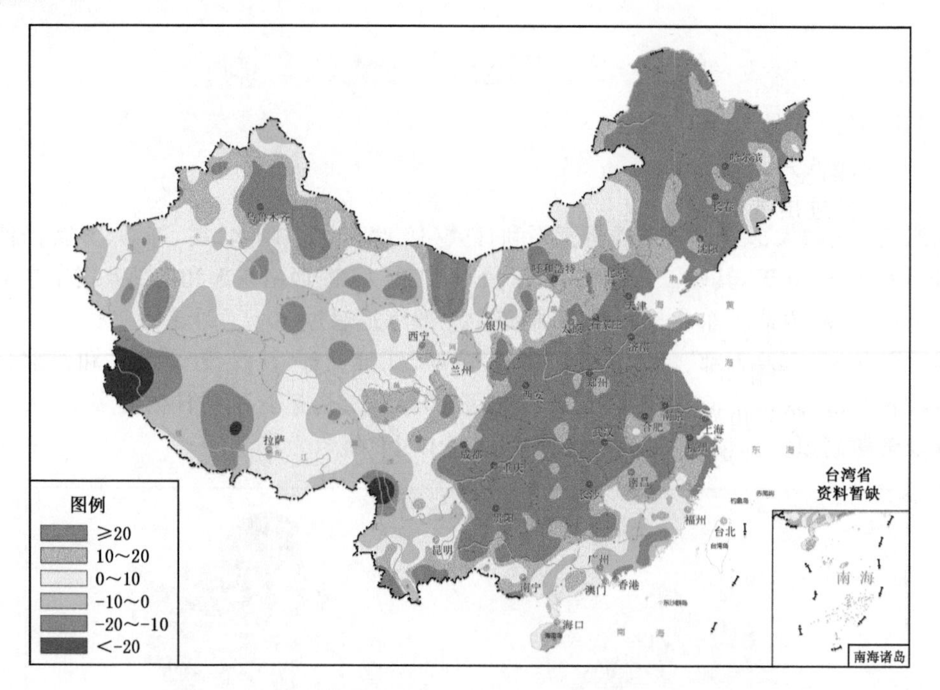

图 3.7.2　2021 年全国交通运营不利日数距平分布(单位:天)

全省多条高速部分收费站入口临时关闭。

2. 雨雪冰冻

2 月 24—25 日,山西、陕西多地出现降雪和雨夹雪天气,山西晋城、运城、长治、临汾多条高速公路全线封闭;陕西多地发布道路结冰黄色预警,延西高速西延段所有入口封闭,连霍高速西渭段交通管制,青兰高速宜富段富县南至壶口之间所有入口封闭。2 月 28 日,因寒潮大风降温、雨雪等天气,哈尔滨机场 40 个航班受影响,哈大、京哈等多条高速公路封闭。

11 月 4—9 日,受全国型寒潮天气影响,北京、天津、河北、山西、辽宁、吉林、黑龙江、山东、陕西 9 省(市)共计至少 184 个路段公路封闭;北京首都机场和大兴机场分别有 31 个航班取消和 25 个航班延误;京津城际、京沪高铁、津秦高铁、津保客专部分列车晚点或停运。

3. 台风

7 月 22—31 日,受台风“烟花”影响,长三角地区先后有 200 余次列车停运或缩短运营区间,停运天数大多在 2～4 天。25—29 日浙江境内甬舟高速、定岱高速、沈海高速杭州湾大桥、嘉绍高速嘉绍大桥、杭州绕城高速、沪杭高速等高速公路先后全线封闭;浙江、江苏、安徽等省多条普通公路路段因水毁出现交通管制;30 日,山东、天津、辽宁、河北先后有 91 个高速公路路段限车型通行或交通管制。台风“烟花”影响期间,上海暂停多条地铁线和所有到上海火车站的高铁,所有省际客运班线停运,交运巴士所属各客运站暂停营业;7 月 25 日,上海浦东机场和虹桥机场,所有客运进出港航班取消。

受 2021 年第 9 号台风“卢碧”影响,8 月 5 日全天潮汕至梅州西、潮汕至诏安、潮汕至汕头间的各次高铁列车全部停运;8 月 6 日,厦深铁路、梅汕铁路所有高铁列车全部停运;8 月 5 日 15 时起至 6 日,广州与深圳间部分短途高铁列车停运,至 7 日,广州东、深圳到梅州间的所有普速客车停运。

4. 暴雨和强对流

5月29日至6月4日，广东大部地区出现暴雨天气，局地有大暴雨或特大暴雨。受此影响，5月31日至6月1日广州白云机场进出港航班大面积取消，取消占比接近5成。6月1日珠海机场34班进出港航班被取消，全市公交线路停运，市内20余处路段因积水导致交通堵塞。特大暴雨造成惠州市龙门县多地出现内涝、积水、塌方等情况，山体滑坡30余处、道路损坏153处，广东境内G355龙门段发生边坡塌方，导致交通中断。

6月27日至7月7日，江南大部及云南、贵州、广西等地先后遭受强降雨影响，部分河流出现超警戒水位。贵阳3个火车站共有140多趟旅客列车延误。湖南怀化28趟旅客列车停运，湖南320国道洪江市安江镇路段、G60沪昆高速怀化段、省道S322线分水坳路段、杨黄公路等多地出现山体滑坡和塌方，造成路面阻断。广西柳州63条公交线路停运。福建G353国道南平市政和县梅坡村路段发生山体滑坡，造成路段堵塞。7月6日凌晨，湖南泸溪县潭溪镇小能溪村突发泥石流，村主干公路交通完全中断；桃江县、溆浦县等多地国省干线公路多处发生水毁、塌方、滑坡等事件。

6月30日，河北南部、河南北部、山东、苏皖北部出现雷暴大风、冰雹、短时强降水天气。济南遥墙国际机场航班因强对流天气造成大面积延误，进出港航班取消43架。

7月12日，北京受此次2021年入汛以来强降雨影响，北京首都机场调减航班285班，大兴国际机场调减航班156班；河北、山西境内5条高速7个路段封闭。

7月17—23日，河南出现极端强降水过程，多个城市内涝严重，郑州公交、地铁全部停运，地铁5号线一列车被洪水围困，郑州东站约160余趟列车停运。郑西、郑太、郑徐及普速的陇海线、焦柳线、宁西线、京广线部分区段封锁或者限速运行，影响旅客列车186列，209国道、310国道交通中断。

5. 大风和沙尘

3月13—18日，北方出现近10年最强沙尘天气过程，持续时间长、影响范围广，对交通运输造成较大不利影响，多地出现航班取消或延误、高速公路临时管制和列车晚点等情况。其中，甘肃省部分航班、长途客车取消，高速限速、部分区段封闭。黑龙江受大风、扬沙或浮尘、强降温和道路结冰影响，部分客运线路停运。内蒙古呼和浩特机场航班取消50架次，备降其他机场2架次，延误13架次；呼伦贝尔大风和降雪天气造成能见度下降和路面结冰等，部分公路封闭或交通管制，多条线路的客运停运。北京机场航班取消超400架次，京藏、京新、二广高速等部分路段封闭。3月21日，受大风沙尘天气影响，新疆局地出现10级大风，导致10余列旅客列车停轮或停运，乌鲁木齐部分高速公路实行交通管制。

5月15日，贵州开阳县受大风影响，宅吉乡、龙水乡、楠木渡镇部分区域瞬时风力达14级，导致受灾区域全面停电，主要交通干道、通村通组公路阻断。12月23日，受寒潮大风天气影响，烟台至大连省际客运航线全线停航，有14艘原计划前往韩国、日本、俄罗斯等国的货轮被迫在烟台港靠港避风。

第四章 2021年各省(区、市)气候影响评价摘要

北 京 2021年，全市平均气温为12.1 ℃，比常年偏高0.3 ℃；春季和秋季气温偏高，夏季气温偏低，冬季气温接近常年同期。全市平均年降水量为929.4毫米，比常年(551.3毫米)偏多近7成，为1961年以来历史同期最多，比2020年(567.8毫米)偏多6成多；冬季降水量较常年同期偏少，春季降水量接近常年，夏季降水量明显偏多，秋季降水量异常偏多，其中7月、9月降水量为1961年以来同期最多。全市平均年日照时数为2219.4小时，比常年同期(2431.7小时)偏少近1成；12月日照时数较常年同期偏多，3月、4月、7月和9月日照时数偏少，其他各月日照时数接近常年。2021年北京地区(以观象台为代表站)高温日数、大风日数、沙尘日数和雾日数均偏少。高影响天气主要有暴雨、大风、寒潮、沙尘等。2021年气候条件对冬小麦生长发育及产量形成有一定不利影响，对玉米的生长发育及产量形成利弊相当；气候条件有利于水库蓄水；1月寒潮天气过程导致北京电力负荷创历史新高。年内，暴雨、大风、冰雹等天气对交通造成不利影响，也使多地农作物受灾。

天 津 2021年，全市年平均气温13.4 ℃，较常年偏高0.8 ℃；平均年降水量979.1毫米，较常年偏多8成；平均年日照时数2456.2小时，较常年偏少23.0小时。季节上，各季平均气温均较常年同期偏高，偏高幅度0.1～1.0 ℃；冬季、春季降水量较常年同期偏少，夏季、秋季较常年显著偏多；日照时数除冬季较常年同期偏多外，其余各季均较常年偏少。年内主要出现了寒潮、大风、强对流、极端降水、沙尘暴、暴雪、雾和霾等灾害性天气气候事件，对天津市农业、交通、社会经济、人体健康等诸多方面均造成不利影响。2021年农作物生长季内主要遭遇的气象灾害有低温、干旱、大风、暴雨、干热风、连阴雨、大雪等。2020/2021年冬季出现的强降温天气对设施农业生产造成一定影响。春季干旱导致春播进度严重受阻。秋季降水天气频繁，秋收秋种工作延迟。气象条件对农业生产影响利弊参半。冬小麦全生育期大部分时段光热匹配良好，农业气象灾害较轻，气象条件对冬小麦生长比较有利。2021年，全市平均降水资源量为116.2亿米^3，较常年偏多52.3亿米^3，为降水资源极丰富年。

河 北 2021年，全省年平均气温12.9 ℃，较常年偏高1.1 ℃，为1961年以来第二暖年；冬、春、秋三季气温均较常年同期偏高，夏季接近常年，12月气温偏高2.2 ℃，突破历史同期极值。全省平均年降水量861.2毫米，较常年偏多超7成，居历史第一位；秋季降水量异常偏多，冬季和夏季显著偏多，春季偏少。全省平均年日照时数2260.9小时，较常年(2487.2小时)显著偏少；冬季日照时数偏多，其他季节偏少。2021年极端天气气候事件频发，暴雨、大风、沙尘、短时强对流、连阴雨等灾害影响较大。主要气象灾害有干旱、暴雨、高温、寒潮、雾和霾、大风、沙尘、冰雹、强降雪、连阴雨、干热风等。总体特征：气象干旱较轻，全省平均气象干旱日数较常年偏少5成以上；全省暴雨站次数较常年偏多1.6倍，为历史最多，其中夏季暴雨偏多近9成，强降水集中时段较往年偏早，主要集中在7月中下旬，秋季暴雨日数异常偏多，过程

影响范围广、强度大;高温日数接近常年,全年未出现极端高温事件;寒潮日数偏多,年初出现极端寒潮天气过程;大雾日数与常年基本持平,春、秋季显著偏多,其中3月大雾日数历史同期最多;霾日数为2013年以来最少,主要出现在冬季;大风、沙尘日数偏多,春季大风沙尘影响重;冰雹日数接近常年,为2002年以来第二多;降雪日数偏少,11月上旬出现极端性雨雪天气,部分地区日降雪量和积雪深度突破历史同期极值;连阴雨站次数居历史第二位,多地连阴雨日数突破历史极值,部分地区农作物遭受渍涝灾害;干热风站次数接近常年,6月上中旬影响程度重、范围广。总体而言,2021年河北省气象灾害损失程度接近近10年平均值,气候年景属于一般年份。

山　西　2021年,全省年平均气温为11.0 ℃,较常年偏高1.1 ℃,与1999年并列为1961年以来最高;各季气温均偏高,其中冬季气温为近10年同期第三高。全省平均年降水量为721.9毫米,较常年偏多253.6毫米(偏多54.2%),为1961年以来最多;春季、夏季降水量接近常年同期,秋季和冬季明显偏多,其中冬季降水量为1991年以来同期第三多,秋季为1961年以来同期最多。全省平均年日照时数为2358.0小时,较常年偏少90.6小时;冬季日照时数偏多,其余各季均偏少。2021年,极端事件多发重发,多项指标突破历史极值。年初呈现"前冬冷、后冬暖"特征,冷暖转换强度大;春季,风沙天气多,气温冷暖起伏大;夏季,降水时空分布不均,洪涝与干旱并存,7月晋城、长治等地遭受暴雨洪涝灾害,而忻州西部、吕梁、临汾西部等地降水持续偏少,旱象严重;秋季,国庆假期持续大范围阴雨天气,季末大范围强降雪伴随降温天气来袭。灾害性天气给人民生活和农业生产带来严重影响。2021年,冬小麦生育期内麦区大部光热条件适宜,降水及时有效,总体上气象条件对其生长发育及产量形成较为有利;玉米生育期内光温条件较好,但降水时空分布不均,北中部部分及南部局部地区出现阶段性干旱,整体上农业气象条件对玉米生长发育及产量形成较为有利。2021年山西省降水资源量约为1127.1亿米^3,较常年均值偏多397.1亿米^3,属异常丰水年份。

内蒙古　2021年,全区年平均气温为6.3 ℃,较常年偏高0.8 ℃,为1961年以来第二高;春、秋季全区平均气温偏高,冬、夏季正常。全区平均年降水量为377.8毫米,较常年偏多16.7%(53.8毫米),为1961年以来第六多;四季降水量均较常年同期偏多,其中秋季偏多最多(偏多44%)。全区平均年日照时数为2720.6小时,较常年偏少218.8小时,为1961年以来最少;春、夏季日照时数分别较常年同期偏少95.5小时、82小时,均为历史同期最少。2021年,主要区域性天气过程和极端天气气候事件有:1月发生区域性降温过程,多地出现极端低温事件;春季大风、沙尘过程频发,影响范围广、强度强,大风和沙尘影响站数均为1961年以来历史同期最多;汛期中东部降水偏多、极端性强,海河、额尔古纳河、嫩江流域降水量较常年偏多7%~11%;夏季暴雨洪涝、冰雹灾害频发,部分地区出现旱情;7月出现区域性高温过程,3站日最高气温突破历史极值;秋末出现强雨雪寒潮天气,多地过程降雪量、积雪深度破纪录,中东部雪灾较重。2021年农作物生长期间,全区大部地区降水多于常年,光热充足,对主要农作物玉米、马铃薯生长发育较为有利;部分地区出现阶段性干旱,局部地区出现暴雨、洪涝、冰雹、大风及龙卷风等灾害,对农业造成不同程度影响。全区农业气候条件总体为偏好年景。2021年大部分牧区气候条件总体较为适宜,降水多于常年,光热充足,气候条件对牧草返青、生长和牧事活动较为有利;夏季部分地区出现阶段性干旱,秋季中东部地区出现暴雪灾害,对牧业造成不同程度影响。全区牧业气候条件总体为正常偏好年景。

辽　宁　2021年,全省年平均气温9.6 ℃,比常年偏高0.8 ℃,为2014年以来连续第八个气温偏高年；冬季、春季、夏季、秋季气温分别比常年同期偏高 0.3 ℃、1.2 ℃、0.1 ℃、0.7 ℃。全省平均年降水量 888 毫米，比常年(648 毫米)偏多 37%，为 2010 年以来历史同期第三多(次于 2010 年 966.8 毫米、2012 年 890.4 毫米)；春季降水量比常年同期偏少 3 成，冬季、夏季分别偏多 1 成，秋季偏多 1.8 倍。全省平均年日照时数 2233 小时，比常年偏少 310 小时，为 1961 年以来历史第一少；春季日照时数比常年同期偏多，冬季、夏季和秋季均偏少。2021 年农作物生长季(4—9 月)全省气温偏高，降水偏多，光照条件较好。2021 年影响辽宁省的主要气象灾害有暴雨、台风、暴雪、寒潮、高温、大风、冰雹、沙尘。总体来看，具有气象灾害种类多、极端性强的特点。年内十大天气气候事件有：①汛期遭受 17 轮强降水，持续时间为历史最长；②6 月东北冷涡异常活跃，降水量历史最多；③盛夏台风“烟花”北上，滞留影响时间长；④“10・3”强风雹和大暴雨为近 10 年同期最强；⑤“11・7”历史罕见特大暴雪影响严重；⑥秋季降水量历史最多，出现少见的“埋汰秋”；⑦初春遭遇近 10 年范围最广沙尘天气；⑧辽西地区降水量多地破历史纪录；⑨3 月气温创有观测记录以来最高；⑩年末冷暖天气极端转换。

吉　林　2021 年，全省年平均气温为 6.4 ℃，较常年偏高 0.7 ℃，居历史第四高；四季气温均比常年同期偏高。全省平均年降水量为 688.4 毫米，较常年(618.4 毫米)偏多 1 成；夏季、秋季降水量比常年同期偏多，春季偏少，冬季接近常年。全省平均年日照时数为 2292 小时，比常年偏少 149 小时，居历史第二少；冬季日照时数比常年同期偏多，春季、夏季和秋季均偏少。农作物生长季(5—9 月)气温偏高，降水偏多，日照偏少，气候条件基本满足农作物生长发育需求。2021 年极端天气气候事件频发，暴雪、高温、大雾偏多，寒潮、大风、沙尘略多。年内主要天气气候事件有：作物生长季气象条件较好，生态向好，粮食丰收；11 月雨雪加寒潮，多地降水破历史纪录；6 月西部降水增多，嫩江流域出现汛情；7 月，高温日数多次刷新历史纪录；初秋多雨寡照，对粮食收储影响较大；5 月持续降水偏少，中西部出现干旱；7 月台风“烟花”带来降水，干旱缓解；12 月气温异常偏高，积雪消融、温暖如春；夏季东北冷涡频繁，风雹天气多发；5 月遭遇沙尘天气。2021 年主要气象灾害有暴雨洪涝、干旱、高温、冰雹、暴雪、寒潮、大风沙尘、大雾和倒春寒。11 月 6—11 日暴雪天气过程影响范围之广、持续时间之长、雨雪量之大、降水相态之复杂为历史罕见，给吉林省电力、农业、交通、居民生活带来严重影响。

黑龙江　2021 年，全省平均年降水量为 608.5 毫米，比常年偏多 11%；冬、春、秋季降水量特多，夏季正常。全省平均年气温为 4.2 ℃，比常年偏高 0.9 ℃，为 1961 年以来历史同期第三高；冬季气温略低，春、秋季特高，夏季偏高。从各月气候要素极端性来看，2 月、3 月和 11 月降水特多，分别为 1961 年以来历史同期第二、第二和第一多；7 月气温特高，为 1961 年以来历史同期第一高。2021 年主要天气气候事件有：1 月下旬极端低温，多地突破历史极值；初春大范围雨雪大风，频现暴雪量级降雪；初夏极端降水，嫩江发生 2021 年我国主要江河首次编号洪水；夏季暴雨过程频发；盛夏持续高温，多站出现历史极值；8 月东部地区高温少雨，出现严重旱情；11 月大范围暴风雪，交通出行困难；11 月 8 日罕见冻雨来袭，严重影响人民生活；12 月上中旬气温异常偏高，封江偏晚；12 月下旬气温骤降，冷暖天气急转。2021 年作物生长季(5—9 月)气温比常年同期偏高，降水量偏多，总体气象条件对农业生产较为有利，气候对农业的影响属正常年景。但农区温、光、水条件配合稍有失调，出现了大风、暴雨洪涝、冰雹、干旱、阶段性低温等气象灾害，对农业生产有一定不利影响。

上　海　2021 年，全市年平均气温为 17.9 ℃，比常年偏高 1.6 ℃，为 1961 年以来的最暖年，并已连续第二十二年高于常年平均值；全市平均年降水量 1518.9 毫米，较常年偏多

28.5%；全市平均年日照时数1786小时，比常年偏少69小时。冬季气温较常年同期显著偏高，降水显著偏少，日照时数略多；春季气温异常偏高，为1961年以来同期次高，降水略多，日照时数略少；夏季气温略高，降水显著偏多，日照时数偏少；秋季气温显著偏高，平历史同期最高纪录，降水显著偏多，日照时数略多。年内主要天气气候事件有：①全市平均暴雨日数为5天，比常年多2天，暴雨主要以局地性强降水为主；②7月、9月台风"烟花""灿都"相继影响上海，对各行各业影响较大；③汛期全市发生雷雨大风灾害28起，给交通、电力、通信等造成影响；④1月、12月共遭遇3次寒潮天气，持续低温造成部分水管被冻裂，道路结冰。2021年主要气象灾害有暴雨、台风、雷雨大风、雷电、寒潮大风和低温冷害，总体评价属气象灾害偏重年份。2021年单季晚稻全生育期农业气象条件为前期较好后期略差。主要有利的气象条件为：播种出苗期气温正常、降水偏少、日照时数偏多，有利于播种出苗；分蘖期气温偏高、降水正常、日照丰富，有利于分蘖发生；灌浆成熟期气温偏高、降水略少、日照充足，有利于水稻灌浆结实及增加粒重；收割期降水偏少、日照充足，有利于水稻收割、晾晒。不利的气象条件为：拔节孕穗期气温偏低、降水略少、雨日偏多、日照时数偏少，不利于水稻幼穗分化及大穗形成；抽穗开花期降水偏多、日照时数偏少，不利于水稻开花授粉，影响结实率。

江　苏　2021年，全省年平均气温16.8 ℃，较常年偏高1.1 ℃，创历史新高；冬、春季气温显著偏高，夏、秋季异常偏高，创1961年以来历史同期新高。全省平均年降水量为1238.8毫米，较常年偏多1.7成，为1961年以来第六多雨年；夏、秋季降水量较常年同期偏多，春季与常年持平，冬季偏少。全省平均年日照时数2008.9小时，与常年持平；春、夏季日照时数较常年同期偏少，冬季、秋季不同程度偏多。2021年主要天气气候事件有：年平均气温创历史新高，2月平均气温为有观测记录以来最高值，秋季为历史最暖；1月上旬受强寒潮袭击，西连岛(−13.4 ℃)、海门(−9.4 ℃)两地气温创下历史新低；春季出现两次强对流天气过程，灾害损失大；7月台风"烟花"创在江苏停留历史最长(37小时)纪录；8月出现罕见"倒黄梅"，雨日为1961年以来同期第二多；盛夏高温日数仅5天，为近20年以来最少；国庆假期平均气温和极端最高气温双创历史新高；10—12月冷空气活动频繁，有7次强冷空气过程影响江苏。2021年灾害性天气主要有寒潮、暴雨洪涝、低温雨雪、强对流、台风、高温、干旱、雾和霾等。从灾情分析来看，因暴雨洪涝、强对流、台风等造成的人民生命财产、农业经济损失和直接经济损失严重。2021年主要农作物、旅游、水资源、水环境及交通等行业气候条件较为有利，而特色农业种植、油菜质量和海盐生产等气候年景则较差。综合评价，2021年总体气候特征是"温高雨多"，气候年景较好。

浙　江　2021年，全省年平均气温18.7 ℃，较常年偏高1.5 ℃，为有气象观测记录以来最高；各月气温均偏高，其中2月和9月分别偏高4.5 ℃和3.0 ℃。全省平均年降水量1810.2毫米，比常年偏多2成，其中慈溪、宁海、石浦、绍兴、诸暨和嵊州共6个国家级气象站年降水量破历史纪录；全省平均年降水日数166天，比常年偏多9天。全省平均年日照时数1644.2小时，较常年偏少115.1小时。2021年天气形势复杂多变，极端事件频发，影响较大的天气气候事件主要有：2020年秋冬季至2021年跨年持续干旱，导致部分水库干涸；1月接连遭遇两次寒潮影响，导致枇杷、胡柚等经济林果损失严重；春夏季强对流天气频发；出梅偏早，梅雨量偏少，诸暨等地经历多轮短时强降水；2106号台风"烟花"强势来袭且久滞慢消，为首个两次登陆浙江的台风，余姚大岚镇丁家畈自动气象站7月20—28日累积降水量达1048.2毫米，破浙江历史登陆台风单站纪录；8月雷电天气频发历史罕见；8月中旬出现盛夏罕见的连阴雨天气，8月

10—17 日杭州、嘉兴等地的 26 个国家级气象站降水量破历史同期纪录；夏季高温不明显，但 9 月至 10 月初“秋老虎”发威，国庆小长假期间大部分地区平均气温破历史同期最高纪录；秋冬季出现多次断崖式降温。2021 年全省温高雨多光适，其中冬季气温偏高，有阶段性低温，气象条件利于茶叶早发；春季热量充足，冷空气强度偏弱，春耕春播、春茶采摘等农事进展顺利，但后期持续降水造成油麦病害多发重发，影响其产量和品质；夏季多过程性天气，其中梅雨期(6 月 10 日至 7 月 5 日)、2106 号台风“烟花”强降水等对农业生产有不利影响；秋季温高光适的天气利于各类作物生长成熟收获。总体来看，2021 年全省气候年景正常略偏好。宁波、绍兴因台风、强对流和干旱等引起的灾害损失较为严重，年景偏差；舟山年景正常略偏差。

安　徽　2021 年，全省年平均气温 17.2 ℃，较常年偏高 1.0 ℃，为 1961 年有完整气象记录以来最高；冬季(2020 年 12 月至 2021 年 2 月)、春季、秋季气温均较常年同期偏高，其中冬季气温为历史同期第三高，秋季气温为历史同期第二高，夏季气温与常年持平。全省平均年降水量 1240 毫米，与常年(1218 毫米)基本持平；冬季、秋季降水量偏少，其中冬季降水量为 2012 年以来同期最少，夏季降水量偏多，春季接近常年；6 月 10 日入梅，7 月 11 日出梅，入梅偏早，出梅接近常年，梅雨期偏长，梅雨强度正常。全省平均年日照时数 1954 小时，较常年偏多 92 小时，为 2014 年以来最多；冬季、秋季日照时数偏多，分别为 1984 年和 1999 年以来同期最多，春季、夏季偏少，其中春季为 2004 年以来同期最少。2021 年主要气候事件有：年平均气温创历史新高，国庆节期间 8 成以上县(市)出现高温，多地创高温终日最晚纪录；盛夏(7—8 月)多雨寡照，高温日数 8 天，为 2000 年以来最少；台风“烟花”影响安徽 6 天，影响时间近 46 年来最长；年初、年末出现大范围寒潮天气；春季、夏季强对流时有发生，局地受灾较重。年内未出现大范围持续性旱涝灾害，总体来看，气象灾害造成的损失相对偏少，2021 年属于“较好”的气候年景。2021 年夏粮全生育期内热量资源较为充足，降水适中，日照时数大部偏多，气象条件总体有利于夏粮生产；秋粮全生育期内大部分地区热量资源充足，降水偏多，日照偏少，气象条件总体利略大于弊。

福　建　2021 年，全省年平均气温 20.8 ℃，较常年偏高 1.3 ℃，为 1961 年以来历史最高；平均年降水量 1440.9 毫米，较常年偏少 12.9%，为近 10 年第二少；平均年日照时数 1935.8 小时，较常年偏多 233.7 小时，为近 10 年最多。年内经历了 5 次寒潮、11 次高温、19 场暴雨和 21 场强对流过程，有 5 个台风(1 个登陆)影响，发生 3 场气象干旱。全省主要天气气候特点是：①四季气温皆偏高，以冬、春季为甚。2020/2021 年冬季气温显著偏高，为 1961 年以来第二十个暖冬。春季气温为历史同期第三高，27 个县(市)平均气温刷新或持平历史同期纪录；②冬、春季降水偏少，气象干旱较重。干旱主要发生在闽西和闽南地区，最严重时段为 2 月上旬末，全省共 60 个县(市)出现重度以上气象干旱；③雨季(4 月 24 日至 7 月 1 日)持续时间长，雨季开始时间偏早，结束时间偏晚，雨季降水偏多。5 月中下旬连续发生 4 场暴雨过程，累积暴雨日数 11 天，占雨季暴雨总日数的 55%；④夏季高温频发，但 8 月无高温过程。年内以 7 月 25—29 日的高温过程范围最广、出现的极值最高，其中福州、永泰和仙游日最高气温超过 40 ℃；9 月出现 5 次高温过程，为历史同期最多；⑤台风登陆、影响个数均偏少，风雨影响总体较轻。第 9 号台风“卢碧”8 月 5 日登陆东山，致中南部沿海出现强风暴雨。此次台风暴雨恰与前期暴雨过程相连，持续时间长达 10 天，为夏季同期最长，也是本年最强暴雨过程。2021 年，全省少冷寒、多暖热，气象干旱阶段性发展，冬、春季旱情较重，汛期雨涝强度中等，台风影响较轻，综合分析为中等气候年景。2021 年，气候对农业蔬菜、渔业、盐业、交通运输业和文化旅游业的影响属一般年景,对农业粮食作物生产的影响属偏好年景,对农业茶叶、林业和水文行业的影响属偏差年景。

江　西　2021年,全省年平均气温19.4 ℃,较常年偏高1 ℃,创1961年有完整气象记录以来新高。全省平均年降水量1524.8毫米,较常年偏少1.1成。全省平均年日照时数1693.1小时,较常年偏多94.0小时;冬季、秋季日照时数较常年同期偏多,春、夏季日照时数偏少。年内主要气象灾害有暴雨洪涝、高温干旱、局地强对流、低温冷害、寒潮等,主汛期没有出现流域性的洪涝灾害。总体而言,全省气候灾害年景为正常。2021年全省主要呈现以下气候特点:①气温偏高但波动起伏大。年内四季气温均偏高,其中2月和9月平均气温创当月历史新高,分别偏高4.1 ℃和3.2 ℃;3月和6月平均气温均排历史同期第三高位;年初出现极端低温,多地气温创新低;②降水偏少且时空分布不均。年内5月、8月、11月降水偏多,其中5月降水量创历史同期新高;其他月份降水偏少,致使冬春(1—4月)和伏秋(7—10月)出现阶段性的气象干旱,中南部旱情重;③中南部高温日数异常多。全省平均年高温日数48.4天,较常年偏多19.6天,排1961年以来第四高位,其中中南部高温日数58.3天,偏多24.9天,创1961年以来新高,上犹、于都、南康和吉安等地高温日数超过80天;④主汛期赣东北出现洪涝灾害。5月中下旬和6月下旬至7月初全省出现两次降水集中时段,部分支流出现超警戒水位,赣东北局部洪涝灾害重;⑤春季雷电天气频发,风雹影响重。春季全省出现了3次较明显的区域性强对流天气过程,局部灾情重。2021年,光温水等气候条件对农业生产有利有弊,水稻、棉花为偏好年景,柑橘、油菜为偏差年景,综合评估全年农业年景为一般。

山　东　2021年,全省年平均气温14.5 ℃,较常年偏高1.1 ℃,为1961年以来历史次高;平均年降水量988.2毫米,较常年(645.1毫米)偏多53.2%,为1961年以来历史最多;平均年日照时数为2196.6小时,较常年偏少194.7小时。四季气候特征:全省冬季气温显著偏高,降水显著偏多,日照时数偏多;春季气温偏高,降水量偏多,日照时数偏少;夏季气温偏高,降水量显著偏多,日照时数偏少;秋季气温偏高,降水量异常偏多,为1961年以来历史同期最多,日照时数偏少。年初气温变幅大,极端性强;春季沙尘大风天气多,近30年少见;夏季暴雨、台风、风雹、龙卷等极端天气集中,多地受灾;初秋暴雨连阴雨并发,出现罕见秋汛;年末寒潮多、暴雪早,部分地区受灾。综合分析2021年属较差气候年景。冬、春季大部时段气象条件总体有利于农作物生长;1月上旬,受寒潮天气影响,部分设施作物受灾。夏季,气温适宜、降水偏多,全省大部地区墒情普遍较好,气象条件总体有利于春播、夏播作物及果树的生长发育;6—8月,暴雨、大风、冰雹等强对流天气频发,导致玉米、棉花、露天果蔬和设施农业受灾。秋季,气温偏高、降水偏多、光照偏少,部分农田存在积水,不利于秋收及冬小麦播种;9月至10月上旬,多阶段性连阴雨天气并伴有强降水,导致鲁南、鲁西北西部和鲁中西部等地农田持续性土壤过湿或渍涝,造成秋作物采收困难、已收作物无法晾晒、棉花烂铃烂桃等不利影响,寡照对设施蔬菜的生长也不利。综合分析2021年农业气象条件属一般年景。

河　南　2021年,全省年平均气温为15.9 ℃,较常年偏高0.9 ℃,为1961年以来最高;冬、春、夏、秋四季气温均偏高,其中冬季偏高1.5 ℃,与2017年并列为1961年以来同期次高。全省平均年降水量为1133.3毫米,较常年(719.6毫米)偏多58%,为1961年以来最多;春季降水量正常,冬、夏、秋三季偏多,其中夏季偏多73%,为1961年以来同期最多,秋季偏多87%,为1961年以来同期第四多。全省平均年日照时数为1880.3小时,较常年偏少49.2小时,属于正常年份;冬、秋季日照偏多,其中冬季日照为1984年以来历史同期最多,春、夏季偏少，均为1961年以来同期第五少。2021年，全省强降水频发，多站月、年降水量突破建站以来历史极值，7月中下旬北中部地区遭受历史罕见特大暴雨，发生严重洪涝灾害，特别是郑州“7·20”特大暴雨灾害造成重大人员伤亡和财产损失，加上9月暴雨多发，秋汛严重，夏玉米减产甚至绝收；4月和8月出现连阴雨天气，影响小麦抽穗开花和夏玉米成熟；年中风雹多发；全年出现5次大范围寒潮天气，10月出现下半年最早寒潮，11月爆发最强寒潮，西部山区出现低温冷害；年内霾日数偏少。总体来看，2021年全省气候年景较差。上半年，全省气温偏高，降水正常，对农业生产较为有利。7—9月，全省降水异常偏多，北中部地区出现严重洪涝灾害，对农业生产造成严重影响。全年全省粮食平均单产较2020年下降4.4%，其中夏粮平均单产较上年略增，秋粮平均单产较2020年下降11.1%，秋粮减产幅度之大为近年来少有。2021年全省年降水资源量为1892.6亿米^3，比常年偏多669.7亿米^3，属于异常丰水年份。

湖 北　2021年，全省年平均气温17.4 ℃，较常年偏高1 ℃，为1961年以来历史最高。1—3月、6月、9月、11—12月气温均偏高，其中2月、9月异常偏高，均排历史同期第一位；4—5月、8月气温偏低；7月、10月接近常年同期。全省平均年降水量1212毫米，接近常年。全省平均年降水日数134.1天，较常年偏多4.1天；年内主要降水集中时段为2月下旬至5月中旬、6月下旬至7月中旬、8月9日至8月末、9月中旬末，共出现14次区域性强降水过程。全省平均年日照时数1570.5小时，比常年偏少129.1小时，其中4月、5月日照时数为历史同期最少。年内主要气候特征和事件有：冬季呈现暖干特征，出现强暖冬，前冷后暖；春季阴雨寡照，强对流天气多发重发；夏季雨季倒置，梅雨降水少盛夏异常多，高温少；秋季大部温高雨少，中东部出现气象干旱和罕见“秋老虎”。入春入夏明显提前，入秋入冬明显推迟，夏季长度达152天为第六长。2021年气象灾害呈现阶段性、局地性强的特点，主要气象灾害为春季强对流及连阴雨，汛期强降水引发的洪涝、山洪、滑坡等次生灾害，此外雾、霾天气偏多对交通出行等也造成不利影响。2021年热量和降水资源充足，但光照资源禀赋偏差，农业气候资源为一般年景，年内洪涝、干旱和高温灾害总体偏轻，大风、连阴雨灾害偏重发生，与常年相比气象灾害影响总体较轻，综合气候资源和气象灾害年景，2021年农业气候条件为偏好年景。

湖 南　2021年，全省年平均气温为18.7 ℃，较常年偏高1.3 ℃；四季气温均较常年同期偏高，其中夏季、秋季气温分别位居1961年以来历史同期第二、第一高位。全省平均年降水量为1420.4毫米，较常年偏多1.2%；冬季、夏季降水量较常年同期偏少，春季、秋季偏多；汛期(4—9月)全省平均降水量969.1毫米，较常年同期偏多4.1%。全省平均年日照时数为1492.6小时，较常年偏多35.5小时；冬季、秋季日照时数较常年同期偏多，春季、夏季偏少，其中春季为1961年以来历史同期最少。2021年的主要天气气候事件有：年平均气温创百年历史新高，90个县(市、区)气温创1961年以来历史极值；春季阴雨日数多，持续时间长；4月“倒春寒”范围广，影响大；“五月低温”持续半月之久，对早稻分蘖、一季稻秧苗生长造成不利影响；主汛期雨水集中，强降雨过程多、强度强；晚春强对流天气频发，强度强；全年高温日数较常年偏多1倍，为历史之最；湘南阶段性干旱明显，对农业生产、森林防火、生活生产等产生了不利影响；8月湘西北、湘北出现罕见强降雨；12月下旬低温雨雪冰冻来袭，湘中以北普降暴雪，39个县(市、区)发生雪灾。年内出现高温热害、连阴雨、干旱、倒春寒、五月低温、洪涝等灾害，农业气象条件后期好于前期，总体上基本满足作物生长需要。

广 东　2021年，全省年平均气温23.0 ℃，较常年偏高1.1 ℃，为1961年有气象记录以来最高；年内除10月平均气温较常年同期略偏低外，其余各月均正常或偏高，其中2月为有气象记录以来同期第二高,3月、5月、9月为历史同期最高。全省平均年降水量1358毫米,较常年(1789.9毫米)偏少24%,为历史第五少,也为2005年以来最少;年内降水阶段性变化大,除10月、12月降水量较常年同期偏多外,其余各月均偏少。全省平均年日照时数2058.8小时,较常年(1754.9小时)偏多17%;8月和10月日照时数较常年同期偏少,6月、7月和11月正常,其余各月均偏多。年内主要天气气候事件有:年平均气温和高温日数均创历史新高,平均年高温日数42.9天,较常年偏多25.4天,为有气象记录以来最多;"龙舟水"偏少,但降水极端性强,5月31日惠州龙门龙华镇3小时降水量400.9毫米破广东历史极值;初台偏晚,有2个台风登陆广东,较常年偏少1.7个,有4个台风影响广东,台风影响程度总体偏轻;温高雨少致阶段性气象干旱严重;年初、年尾有寒潮影响,降温显著;灰霾日数较常年偏少,继续维持较低水平。2021年,总体天气气候特征是"温高雨少登陆台风少,阶段性气象干旱造成严重影响",总体而言气候年景偏差,但与近10年平均水平相比,各种气象灾害造成的损失明显偏轻。2021年全省农业气象年景一般,其中早稻、晚稻生育期农业气象条件良好,春花生、秋花生、甘蔗农业气象条件一般。

广　西　2021年,全区年平均气温21.6 ℃,较常年偏高0.9 ℃,为1961年以来最高。冬、春、夏季气温较常年同期偏高,其中夏季为1961年来最热;秋季气温接近常年同期。全区平均年降水量1335.3毫米,较常年偏少13.3%,为近10年最少。冬季、夏季降水量偏少,均为近10年同期最少;春季降水量接近常年;秋季降水量偏多。全区平均年日照时数1675.1小时,较常年偏多158.1小时,为2004年以来最多。冬季、夏季日照时数较常年同期偏多;春季、秋季偏少。2021年共出现9次区域性暴雨过程,比常年偏少,强对流过程与暴雨重叠,部分地区受灾。全年有6个台风和1个热带低压影响,个数偏多,初台偏早,终台历史最晚,台风影响总体偏轻。共出现8次大范围高温天气过程,高温日数历史最多。四季均出现阶段性气象干旱,以冬旱和秋旱损失较重。春播期低温阴雨总日数偏少,结束期偏早;寒露风开始期偏早,总日数偏多;年内出现2次寒潮过程,低温冷害总体偏轻。年内雾偏多,霾偏少。2021年,广西暖热明显,雨水少,干旱频发,低温冷害、暴雨和台风影响较常年偏轻,总体而言,属一般气候年景。全年大部分时段光、温、水条件对农作物生长发育及农事活动较有利,年内干旱、台风、强降雨、高温等灾害性天气给农业生产带来不利影响。总体而言,2021年气候条件对农业、林业的影响均属一般年景。

海　南　2021年,全省年平均气温25.1 ℃,较常年偏高0.6 ℃,与2010年并列居历史第四高;与常年同期相比,冬季气温偏低,春、夏、秋三季均偏高。全省平均年降水量1784.2毫米,较常年偏少1.0%;与常年同期相比,冬、春、夏三季降水量均偏少,秋季偏多;汛期开始偏早,结束期偏晚,汛期降水量略多。全省平均年日照时数为1990.7小时,较常年偏少82.0小时;与常年同期相比,冬季日照时数偏多,春、夏、秋三季均偏少。年内共出现8次区域性暴雨过程,次数较常年偏少2次,综合强度接近常年。全省年平均高温日数42天,较常年偏多22天,与2019年并列居历史第三多。2021年共有10个热带气旋影响海南省,影响个数接近常年,其中4个登陆,较常年偏多2个;热带气旋影响强度总体接近常年,但年末出现个别超强台风影响。第一个影响海南的热带气旋出现在6月中旬,较常年偏晚4旬,最后一个影响海南的热带气旋出现在12月中旬,较常年偏晚2旬。全年热带气旋和暴雨灾害接近常年。年内还发生低温阴雨、清明风、大雾、高温、气象干旱、雷击和强对流天气等气象灾害,并造成一定的经济损失。综合评价,2021年气候年景属正常年景。全年气候条件对早稻为好年景,对荔枝、冬种瓜菜、橡胶为较好年景，对晚稻为差年景；对森林病虫害的影响属较好年景；对森林火灾的影响属一般年景；对渔业的影响属一般年景；对交通运输业的影响属一般年景；对水利水电而言属于一般年景；对盐业生产的影响属一般年景。

重　庆　2021年，全市年平均气温为17.7 ℃，接近常年(17.5 ℃)和2020年(17.4 ℃)；冬季气温较常年同期偏高，夏季偏低，春季、秋季接近常年。全市平均年降水量为1308.7毫米，较常年(1125.3毫米)偏多16%，较2020年(1367.7毫米)略偏少；汛期(5—9月)全市平均降水量为939.6毫米，较常年同期(773.7毫米)偏多21%，较2020年(976.8毫米)略偏少，为有气象记录以来同期第四多；冬季、春季降水量接近常年同期，夏季、秋季偏多。全市平均年日照时数为1116.3小时，与常年(1154.5小时)基本持平，较2020年(1031.8小时)偏多8%；冬季、秋季日照时数较常年同期偏多，春季、夏季偏少。全市大部地区入春早、出夏晚，春夏两季持续时间长。年内，主要天气气候特点为：强降水和区域暴雨次数多、强度强；华西秋雨偏早偏强，持续时间长；区域高温频次高；强降温、低温和霜冻偏多偏重；气象干旱和连阴雨偏轻偏弱。2021年全市气候状况总体偏差，涝重于旱，阶段性高温明显，灾害性天气总体较常年和2020年偏重。2021年，全市平均植被覆盖度为70.3%，较2020年(68.4%)增加1.9%。中心城区城市较强和强热岛面积1108.3千米^2，较2020年略有缩小。全市平均10 ℃以上活动积温接近常年，气候生产潜力较常年略偏强。水资源丰沛，降水资源量和有效降水资源量均较常年偏多。舒适日数较常年略少。年交通运营气象不利日数为48天，接近2020年。2021年气象条件对旅游行业营运有利。

四　川　2021年，全省年平均气温15.6 ℃，较常年偏高0.7 ℃，与1998年、2007年、2009年和2017年并列为历史第三高；4月、11月气温较常年同期偏低，1月与常年持平，其余9个月均偏高，其中2月为历史同期最高，9月为历史同期第二高。全省平均年降水量1070.5毫米，较常年偏多12%，为历史第六多；2—7月及11月降水量较常年同期偏少，12月与常年持平，8—10月及1月偏多。2021年汛期暴雨偏多，分布范围广，局地降水强度大，多条中小河流超警戒水位。秋雨期间出现了3次区域性暴雨天气过程，秋汛偏重；秋雨于8月22日开始，11月4日结束，雨期长度为74天，秋雨量历史最多，秋雨综合强度为历史最强。全省春旱和夏旱范围广，局地旱情偏重，伏旱不明显，总体为中旱年。年内高温日数多，盆地15县出现极端高温天气，总体为偏强年。冷空气活动次数接近常年，强度一般。年内大风冰雹发生较为频繁，为近年来偏重发生年份，局地灾害较重。全省平均雾日数较常年偏多，秋冬季盆地共出现16次区域性雾或霾天气过程，较2020年偏多。2021年全省降水量总体偏多，伏旱秋旱不明显，有利于全省各类水利工程增蓄保供，年末工程蓄水状况保持良好。全省大小春生产农业气候条件总体为正常年景。汛期暴雨频繁，盆地秋冬季大雾天气多发，对交通设施和交通运输造成不利影响。综合分析评价，2021年气候年景总体为正常偏差。

贵　州　2021年，全省年平均气温16.4 ℃，较常年偏高0.6 ℃，为1961年以来第一高；冬季、春季、秋季气温正常略高，夏季偏高0.8 ℃，为1961年以来同期第三高。全省平均年降水量1216.3毫米，较常年偏多1.0%；夏季降水量正常略少，冬季、春季、秋季正常略多。全省平均年日照时数1264.3小时，较常年偏多9.7%；冬季、春季日照时数正常略少，夏季、秋季正常略多。年内遭受了低温雨雪凝冻、暴雨洪涝、风雹、干旱、雷电、滑坡等气象灾害及其诱发的次生灾害，给全省经济社会发展和人民生产生活造成不利影响，部分地区受灾严重。2021年主汛期(5—9月)，全省共出现14次区域性暴雨过程，其中6月至7月中旬出现次数多达5次；

秋汛明显,9月6日、11—12日、16—17日先后出现3次区域性暴雨过程。年内出现3次大范围低温雨雪凝冻天气过程,其中1月6—11日为本年过程最长、影响最广的一次低温雨雪凝冻天气过程。2021年,全省雨季开始于4月28日,9月18日结束,历时143天,总降雨量893.2毫米;与常年相比,开始偏晚5天,结束偏早9天,雨季偏短14天,雨量较常年偏少。2021年,全省大部地区光温水匹配良好,春旱、夏旱、秋绵雨等农业气象灾害偏轻,农业气象条件利大于弊,属于较好气候年景;全省绝大部分地区的植被覆盖度较2020年有所提升;年交通运营不利日数较常年略多;年舒适日数较常年略少。

云　南　2021年,全省年平均气温17.6 ℃,较常年偏高0.9 ℃,与2010年、2020年并列为历史第二高;年内各月气温均较常年同期偏高,其中2月、3月、5月、9月偏高1.0℃以上。全省平均年降水量958.4毫米,较常年偏少127.8毫米(偏少11.8%);年内12月降水量特多(偏多8成),2月偏多,4月、6月、7月、8月、10月、11月正常,其他各月偏少至特少;雨季开始偏晚、结束偏早,降水偏少,主汛期暴雨日数异常偏多,暴雨过程偏多偏强。全省平均年日照时数2061.7小时,较常年偏多40.9小时(偏多2%);年内除9月日照时数偏多外,其余月份均正常。2021年主要天气气候事件有:年平均气温连续第13年偏高,高温事件偏多;年初冷空气活动频繁,寒潮天气频现;冬季暴雨再现,24个站2月上旬降水量突破同期极值;高温少雨引发3月异常干燥;春季强对流天气频繁,多地遭受冰雹袭击;滇西北、滇西区域性春旱偏重;春末夏初高温突出;主汛期昆明强降水频现,引发多次城市内涝;雨季开始晚、结束早,持续时间异常偏短;入秋以后冷空气频繁,多地出现雨雪天气。年内主要气象灾害为冬季低温冷害、雪灾,冬春季森林火灾,春夏季干旱、冰雹大风和雷电灾害,汛期局地洪涝和地质灾害,春夏季生物灾害。2021年夏粮生长季内冬小麦气象适宜度为中等稍偏差,其他夏粮作物气象适宜度为中等;秋收作物生长季的气象条件属中等略偏好年景。气候对林业、水资源的影响为中等略偏差年景;对旅游、交通的影响属中等年景。综合气候条件对经济、社会、生态各方面的影响分析,2021年气候总体属于中等年景。

西　藏　2021年,全区年平均气温5.8 ℃,较常年偏高1.1 ℃。年内多站气温突破历史同期极值,波密、察隅等18站次日最高气温超历史同期极大值;尼木、普兰日最低气温创历史同期极小值;拉萨等19站次月平均气温超历史同期极大值;南木林、江孜、左贡、林芝等16站年平均气温超历史极大值或持平。全区平均年降水量为472.1毫米,接近常年值(460.2毫米)。年内极端降水事件较为频繁,嘉黎等9站次日降水量超历史同期极大值;泽当等6站次月降水量超历史同期极大值,班戈年总降水量超历史极大值,察隅年总降水量为历史极小值。全区于6月13日正式进入雨季,较常年(6月8日)偏迟5天,雨季于10月1日结束,较常年(10月2日)偏早1天。四季气候特征:冬季气温异常偏高,为区域性强暖冬,降水量显著偏少,为1981年以来同期最少;春季气温偏高,降水量接近常年;夏季气温偏高,降水量接近常年;秋季气温偏高,为1981年以来同期第二高,降水量正常。2021年多地出现了强降水、雪灾、干旱、冰雹、雷电、大风等气象灾害,对交通、市政、水利等基础设施和农牧民生产生活等造成不利影响。2021年主要农区气温偏高、降水正常、日照充足,整体上光、温、水匹配较好,农业气象灾害造成的损失不大,对粮食生产没有影响,气象条件有利于冬、春作物的生长发育及产量形成。

陕　西　2021年,全省年平均气温12.9 ℃,较常年偏高1.3 ℃;四季气温均较常年同期偏高,其中冬季气温偏高1.4 ℃,是1961年以来同期第六高。全省平均年降水量965毫米,比常年偏多51.1%,是1961年以来第一多;四季降水量均较常年同期偏多,其中秋季降水量偏多1.5倍，是1961年以来同期最多。全省平均年日照时数1999.1小时，较常年偏少47.1小时；冬季日照时数偏多，春、夏、秋季均偏少，其中春季日照时数是2000年以来同期最少。季节转换：全省大部入冬(2020/2021)、入春、入夏时间均偏早；陕北大部、关中西北部入秋偏晚，关中大部、陕南大部偏早。2021年全省共出现22次暴雨过程，暴雨日数、站次数均刷新历史纪录。年内秋雨期显著偏长，秋雨量为1961年以来最多，其中10月3—6日出现秋雨期间最强区域性暴雨过程，其强度为10月历史第一位。全年共出现9次冷空气过程，其中11月6—7日全省96县(区)达寒潮等级，是仅次于1987年11月的第二强寒潮。6月下旬至8月下旬陕北降水量偏少37.7%，为1961年以来同期最少，出现重度以上气象干旱。春季共出现211站次沙尘，为近8年最多，其中3月16—18日、29—31日强沙尘天气过程强度大、范围广，为近10年同期罕见。全年共出现8次高温天气过程，其中7月29日至8月3日高温范围广、强度大。年内首次、末次强对流天气均偏晚，强对流天气极端性强、致灾重。2021年主要农业气象条件较好，光温水匹配良好，有利于小麦、油菜生长发育和产量形成。玉米生长期光照、热量、水分等气象要素匹配程度好于2020年，有利于农作物产量形成。苹果开花期霜冻偏少偏轻，坐果至果实生长期气象条件满足果树生长发育。

甘　肃　2021年，全省年平均气温9.2 ℃，较常年偏高1 ℃；平均年降水量433.2毫米，较常年偏多7.8%。夏季高温日数多、范围广、持续时间长，伏期河东地区干旱较重；春季沙尘天气频发，沙尘暴范围和日数均为近8年最多，多地交通运输和空气质量受到影响；暴雨日数偏多和范围略偏广，秋季中前期降雨过程多、量级大、雨区重叠度高，导致陇东南局部出现暴雨洪涝灾害；冰雹日数偏少；11月上、下旬出现区域性特强寒潮。2021年总体气候条件一般，年内天气气候事件引发干旱、暴雨洪涝、冰雹、大风沙尘和霜冻等灾害，对农业、生态环境、旅游业和水资源造成一定影响，其中干旱、暴雨、冰雹和低温冷害等造成的损失较大。2021年气候条件对农牧业影响较大的区域主要为河西中东部、陇中、陇东等地。2月和3月气温异常偏高，农作物和林果生育期提前，4月下旬出现霜冻对农林经果造成一定影响；5月冰雹造成陇中和陇东地区农作物受损；5月下旬至8月中旬，河东地区大部降水少，加之长时间大范围高温，多地出现旱情，对玉米、马铃薯的生长发育造成严重影响；8月下旬，河东地区大部出现降水，有效改善了土壤墒情，缓解了旱情，对大秋作物灌浆乳熟有利；秋季前中期降水量偏多，全省大部土壤墒情适宜，整体气候条件有利于秋收秋种和越冬作物安全越冬，中期陇东南部分地区暴雨洪涝灾害致使待收秋作物、蔬菜、林果受损；庆阳市部分地区出现的冰雹造成正在脱袋或即将成熟采收的苹果表皮破损，影响苹果商品价值。

青　海　2021年，全省年平均气温3.3 ℃，较常年偏高0.5 ℃。分月来看，4月、11月气温较常年同期偏低；12月气温接近常年；其余月份气温均偏高，其中3月、10月分别列历史同期第三高、第一高。全省平均年降水量398.8毫米，较常年(381.2毫米)偏多4.6%。分月来看，4月、6月、9月、10月、12月降水量较常年同期偏多，其中4月列历史同期最多；其余各月降水量均偏少。2021年气候总体平稳，但极端天气气候事件时有发生，主要气候事件有：1月，全省出现4次寒潮天气过程，柴达木盆地及青南牧区25站次达重度寒潮天气标准；1—2月青南牧区多大风天气，是近10年来风灾最多的一年；3月中下旬，北部地区出现近10年来最强沙尘天气；6月中下旬黄河源区出现连阴雨，降水列历史同期第二多；7月下旬，全省出现影响范围广、极端性强的降水天气，多地日降水量接近或突破历史同期极值；盛夏高温日数为近4年最多，北部地区22站出现日最高气温大于或等于30 ℃高温天气；汛期雷电和冰雹天气多发,造成人员伤亡和农作物、房屋、帐篷受损;11 月冷空气活动强,全省平均气温为 1992 年以来同期最低;12 月久治大雪,日降水量 2 次突破 1961 年以来同期极值。2021 年,东部农业区气温偏高,降水偏多,日照偏少,主要农作物热量资源充沛,汛期暴雨洪涝及冰雹灾害对农业生产造成一定损失。农业区气候生产潜力接近常年值,农业气候年景综合评定为"平年"。2021 年主要牧业区牧草生长季气候综合适宜度为 0.90,草地长势年景综合评价为"平偏丰年",比 2020 年略好。

宁 夏 2021 年气候年景总体属于一般。全区年平均气温 9.9 ℃,较常年偏高 1.4 ℃,为 1961 年以来最暖的一年,也是 1997 年以来连续第二十五个气温偏高年;四季气温均偏高,其中夏季为 1961 年以来最热的一个夏季。全区平均年降水量 268.9 毫米,与常年持平;冬、春、秋三季降水量较常年同期偏多,夏季降水量偏少,创 1961 年以来同期最少,也是唯一少于春季降水量的年份。全区平均年日照时数 2595 小时,较常年偏少 239 小时;冬季日照时数接近常年同期,春、夏、秋季均偏少。年内极端天气气候事件多发:2020/2021 年冬季冷暖两重天,"极寒"向"极暖"快速转变;夏季高温过程持续时间长、强度强、范围大;春季、秋季降水明显偏多、强度强,3 月 31 日出现了最早的区域性大雨过程,引黄灌区大部日降水量为 3 月日降水量极值,秋季出现 3 次强降水过程;夏季降水量创同期新低;9 月出现异常显著的"暖湿"型气候;春季大风沙尘多,3 月 15 日出现了 2002 年以来强度最强、范围最大的强沙尘暴天气过程。2021 年气象条件总体较适宜水稻、酿酒葡萄和枸杞生长,属正常或偏好年份;春小麦属一般年份,冬小麦属一般偏差年份;玉米、马铃薯属偏差年份。2021 年主要气象灾害为干旱和风雹等,其中干旱造成的损失最大,冰雹次之。夏季发生的严重干旱对植被生长产生了不利影响;春季沙尘天气、夏季高温造成空气质量较 2020 年同期偏差,秋冬季冷空气多,空气质量优良天数较 2020 年偏多;冬季阶段性低温和夏季持续高温对人体健康有一定影响;年内气象条件对旅游、交通等有一定影响。

新 疆 2021 年,全疆年平均气温 8.9 ℃,较常年偏高 0.7 ℃,为 1961 年以来第十二高;秋季气温较常年同期偏低,其他季节偏高,其中夏季气温居 1961 年以来同期第七高。全疆平均年降水量 162.2 毫米,较常年偏少 5%;冬季降水量较常年同期偏多,其他季节偏少。全疆大部地区开春期偏早;2020/2021 年终霜期北疆东部、南疆中东部、东疆偏早,南北疆偏西地区偏晚;初霜期全疆大部偏早;入冬期全疆各地偏早;全疆最大积雪深度 1~41 厘米不等,与常年相比北疆大部、哈密市北部、阿克苏东部、南疆西部山区、巴州大部等地积雪偏厚,其余地区偏薄。年内阶段性冷空气活跃,寒潮、低温天气多,冰雹和霜冻灾害多发重发;南疆极端暴雨早发频发;7 月天山北坡一度出现重旱。全年累积经历暴雪过程 4 次、极端暴雨过程 3 次、寒潮过程 7 次、低温事件 2 次、夏季高温过程 2 次、干旱过程 1 次。其中较为典型的天气气候事件为:"6・16"和田地区极端暴雨事件,"3・30"巴州北部罕见暴雨,"4・2"拜城历史最强降雪,"5・14"沙漠腹地塔中站出现罕见极端降雨,全疆出现有气象记录以来最暖 2 月,北疆"4・22""11・4"寒潮事件,初夏 6 月中下旬低温事件,7 月两次区域性高温过程,7 月天山北坡气象干旱事件以及 8 月中旬阿克苏地区、巴州冰雹事件等。年内出现的主要气象灾害为冰雹、大风、低温冷害及暴雨洪涝,其中冰雹灾害损失最重。与近 20 年相比,2021 年气象灾害呈中度偏轻,重于 2020 年。2021 年新疆农牧业气象年景为平年,气象条件总体对大部地区粮棉作物、特色林果的生长及牧事活动的开展略有影响,对南疆大部牧草生长较有利,对北疆牧草生长影响较大。

参考文献

尹宜舟，罗勇，肖风劲，等，2013. 热带气旋年潜在影响力指数[J]. 中国科学：地球科学，43(12)：2086-2098.

BELL G D，HALPERT M S，SCHNELL R C，et al，2000. Climate Assessment for 1999[J]. Bulletin of the American Meteorological Society，81(6)：S1-S50.

WMO，2022. Statement of the global climate 2021 [EB/OL]. https://public.wmo.int/en/our-mandate/climate/wmo-statement-state-of-global-climate.

附录 A 资料、方法及标准

A1. 资料

本书所使用的地面气象观测资料由中国气象局国家气象信息中心提供。地面基本观测资料采用 1961—2021 年中国区域 2400 多个气象观测站资料，其中霜冻日数、降雪日数采用 700 多个站资料；台风路径资料采用中国气象局热带气旋最佳路径数据集；气候系统分析采用 NCEP/NCAR 全球大气再分析资料；气象灾害损失资料由中华人民共和国应急管理部提供；2021 年各省(区、市)气候影响评价摘自相关省(区、市)年度评价或公报；香港、澳门特别行政区及台湾省资料暂缺。

A2. 南海夏季风

南海季风是指中国南海区域盛行风向随季节有显著变化的风系，属于热带性质的季风，夏半年中国南海低层盛行西南风，高层为偏东风。

南海夏季风暴发定义：以南海季风监测区内(10°—20°N，110°—120°E)850 百帕平均纬向风和假相当位温为主要监测指标，当监测区内平均纬向风由东风稳定转为西风以及假相当位温稳定大于 340 K 的时间(持续 2 候、中断不超过 1 候或持续 3 候及以上)，为南海夏季风爆发的主要指标。同时参考 200 百帕、500 百帕和 850 百帕位势高度场的演变。

A3. 东亚夏季风

夏季风是指夏季由海洋吹向大陆的盛行风。由于夏季亚洲大陆上为巨大的热低压控制，海洋上是高气压，气流由高气压区吹向低气压区，形成夏季风。位于低压南部的南亚、东南亚及中国西南一带，盛行西南季风；位于低压东部的中国东部地区，盛行东南季风。东亚夏季风以阶段性而非连续的方式进行季节推进和撤退，北进经历两次突然北跳和三次静止阶段。在这个过程中，季风雨带和季风气流以及相应的季风气团也类似地向北运动。

由于亚洲夏季风具有广阔的空间和时间尺度变率，许多学者从不同方面定义了不同的季风指数，书中采用东亚热带和副热带纬向风差值来定义东亚夏季风指数。

A4. 厄尔尼诺/拉尼娜

厄尔尼诺/拉尼娜是指赤道中、东太平洋海表大范围持续异常偏暖/冷的现象，是气候系统年际气候变化中的最强信号。厄尔尼诺/拉尼娜事件的发生，不仅会直接造成热带太平洋及其附近地区的干旱、暴雨等灾害性极端天气气候事件，还会以遥相关的形式间接地影响全球其他地区的天气气候并引发气象灾害。

厄尔尼诺/拉尼娜事件判别方法：Niño3.4 指数 3 个月滑动平均的绝对值(保留一位小数，

下同)达到或超过0.5 ℃,且持续至少5个月,判定为一次厄尔尼诺/拉尼娜事件(Niño3.4指数≥0.5 ℃为厄尔尼诺事件;Niño3.4指数≤−0.5 ℃为拉尼娜事件)。

A5. 干旱评价方法与标准

由于发生干旱的原因是多方面的,影响干旱严重程度的因子也很多,所以确定干旱的指标是一个复杂的问题。另外,干旱也有多种含义,在气象学意义上,又分为长期干旱和短期干旱,长期干旱即在某特定气候条件下,历史上长期性持续缺少降水,一般年份降水量不足200毫米,形成固有的干旱气候,这些地区为干旱地区,如我国南疆盆地等,一般不做这种干旱监测;短期干旱是指某些地区因天气气候异常,使某一时段内降水异常减少,水分短缺的现象,它可以出现在干旱或半干旱地区的任何季节,也可出现在半湿润甚至湿润地区的任何季节,这种干旱最容易造成灾害,本书主要是针对这种干旱进行监测与评价。气象干旱综合指数(MCI)考虑了60天内的有效降水(权重平均降水)和蒸发(相对湿润度)的影响,季度尺度(90天)和近半年尺度(150天)降水长期亏缺的影响。该指标适合实时气象干旱监测以及气象干旱对农业和水资源的影响评估。气象干旱综合指数的计算公式如下:

$$MCI = Ka \times (a \times SPIW_{60} + b \times MI_{30} + c \times SPI_{90} + d \times SPI_{150}) \quad (A.1)$$

$$SPIW_{60} = SPI(WAP) \quad (A.2)$$

$$WAP = \sum_{n=0}^{60} 0.95^{n} P_{n} \quad (A.3)$$

式中,$SPIW_{60}$为近60天标准化权重降水指数,标准化处理计算方法参考《气象干旱等级》(GB/T 20481—2017);P_n为距离当天前第n天的降水量;MI_{30}为近30天湿润度指数,计算方法参考《气象干旱等级》(GB/T 20481—2017);SPI_{90}、SPI_{150}分别为90天和150天标准化降水指数,计算方法参考《气象干旱等级》(GB/T 20481—2017);a、b、c、d权重系数随着地区进行调整,北方及西部地区分别取0.3、0.5、0.3、0.2;南方地区分别取0.5、0.6、0.2、0.1;Ka为季节调节系数,根据不同季节各地区主要农作物生长发育阶段对土壤水分的敏感程度确定《农业干旱等级》(GB/T 32136—2015)。气象干旱综合指数等级划分标准见表A-1所示。

表A-1 气象干旱综合指数等级划分标准

等级	类型	MCI	干旱影响程度
1	无旱	−0.5<MCI	地表湿润,作物水分供应充足;地表水资源充足,能满足人们生产、生活需要
2	轻旱	−1.0<MCI≤−0.5	地表空气干燥,土壤出现水分轻度不足,作物轻微缺水,叶色不正;水资源出现短缺,但对人们生产、生活影响不大
3	中旱	−1.5<MCI≤−1.0	土壤表面干燥,土壤出现水分不足,作物叶片出现萎蔫现象;水资源短缺,对人们生产、生活产生影响
4	重旱	−2.0<MCI≤−1.5	土壤水分持续严重不足,出现干土层,作物出现枯死现象,产量下降;河流出现断流,水资源严重不足,对人们生产、生活产生较重影响
5	特旱	MCI≤−2.0	土壤水分持续严重不足,出现较厚干土层,作物出现大面积枯死,产量严重下降,甚至绝收;多条河流出现断流,水资源严重不足,对人们生产、生活产生严重影响

A6. 暴雨洪涝评价方法与标准

本节采用夏季降水百分位数、月降水量距平百分率及旬降水总量等指标对 2021 年全国(主要考虑年降水量 400 毫米等值线以东、以南地区)暴雨洪涝情况进行评述。考虑到地区之间的气候差异,规定了不同地区评述暴雨洪涝的季节,即黄淮海、东北、西北地区为 6—8 月,长江中下游地区为 4—9 月,华南地区为 4—10 月,西南地区为 6—9 月。

(1)降水百分位数

$$r = \frac{m}{n+1} \times 100\% \tag{A.6}$$

式中,r 为降水百分位数;m 为按升序排列后的序号;n 为样本数。

当 $90\% > r \geqslant 80\%$ 时为一般洪涝;$r \geqslant 90\%$ 时为严重洪涝。

(2)月降水量距平百分率

$$P = \frac{R-\bar{R}}{\bar{R}} \times 100\% \tag{A.7}$$

式中,P 为月降水量距平百分率;R 为当年某月的实际降水量;$\bar{R}$ 为某月降水量常年值(1981—2010 年平均)。

当 $200\% \geqslant P \geqslant 100\%$(华南 $150\% \geqslant P \geqslant 75\%$)时为一般洪涝;$P > 200\%$(华南 $P > 150\%$)时为严重洪涝。

(3)旬降水量

当一个旬降水量达到 250～350 毫米(东北 200～300 毫米,华南、川西 300～400 毫米)时为一般洪涝。

一个旬降水量>350 毫米(东北>300 毫米,华南、川西>400 毫米)时为严重洪涝。

当两个旬降水总量达到 350～500 毫米(东北 300～450 毫米,华南、川西 400～600 毫米)时为一般洪涝。

两个旬降水总量>500 毫米(东北>450 毫米,华南、川西>600 毫米)时为严重洪涝。

A7. 台风指数评价方法

(1)台风灾害影响综合评估指数

根据中华人民共和国气象行业标准《台风灾害影响评估技术规范》(QX/T 170—2012)定义,台风灾害影响综合评估指数(CIDT)是指总体上描述某次台风过程对全国或某省(区、市)的灾害影响程度的指数。本书中将一年之中所有台风的 CIDT 指数之和定义为年台风灾害影响综合评估指数(YCIDT),而且计算区域为全国。CIDT 计算公式为

$$\mathrm{CIDT} = 10 \times \sqrt{\sum_{i=1}^{4} a_i d_i} \tag{A.8}$$

式中,a_i 为灾害因子系数,其取值见表 A-2;d_i 是灾害因子,d_1 为死亡和失踪人数,d_2 为农作物受灾面积(单位为千公顷),d_3 为倒塌房屋数(单位为万间),d_4 为直接经济损失率。d_4 计算公式为

$$d_4 = \frac{\mathrm{DEL}}{\mathrm{GDP}} \times 10000 \tag{A.9}$$

式中,DEL 为直接经济损失(单位为亿元);GDP 为上一年国内生产总值(单位为亿元)。

表 A-2 台风灾害影响的评估因子系数

	a_1	a_2	a_3	a_4
系数	1.279×10^{-3}	2.648×10^{-4}	3.019×10^{-2}	1.974×10^{-2}

(2)台风累积气旋能量指数

台风累积气旋能量指数(ACE)定义为某个时段内所有台风生命史中,热带风暴及以上级别的 6 小时路径点风速强度的平方之和,本书中 ACE 指数计算时段为年。

(3)热带气旋年潜在影响力指数(TCPI)

对于单个热带气旋过程,TCPI 指数定义为

$$\mathrm{TCPI} = \sum_{i=1}^{N}\sum_{j=1}^{M} b_j\,(a_j\,\bar{v}_i)^2 \tag{A.10}$$

式中,$i=1,\cdots,N$,表示某次热带气旋过程对某地区(面状)影响的次数(以每 6 小时作一次统计);$j=1,\cdots,M$,表示热带气旋不同的影响区域,即在不同的区域热带气旋的影响强度有差别,以系数 a 为权重;$\bar{v}_i$ 为该次平均的热带气旋中心附近最大平均风速;b 表示某地区受热带气旋影响的面积权重,若该地区完全在热带气旋某影响区域内,则 $b=1$,若部分在,则依影响范围,b 取值在 0~1,若不在,则 $b=0$。若将该地区各年热带气旋过程中的 TCPI 进行累加,得到年 TCPI 指数(YTCPI),利用此指数可以分析该地区受热带气旋潜在影响的年际变化特征。

如果以全国为研究单位,式(A.10)可以变换为另一种形式:

$$\mathrm{TCPI} = \frac{1}{S}\left[\sum_{i=1}^{N}\sum_{j=1}^{M} b_{1j}\,(a_j\,\bar{v}_i)^2 + \sum_{i=1}^{N}\sum_{j=1}^{M} b_{2j}\,(a_j\,\bar{v}_i)^2 + \cdots + \sum_{i=1}^{N}\sum_{j=1}^{M} b_{kj}\,(a_j\,\bar{v}_i)^2\right] \tag{A.11}$$

定义

$$\mathrm{TCPI}_k = \sum_{i=1}^{N}\sum_{j=1}^{M} b_{kj}\,(a_j\,\bar{v}_i)^2 \tag{A.12}$$

式中,$k=1,2,\cdots,L$,则

$$\mathrm{TCPI} = \frac{1}{S}(\mathrm{TCPI}_1 + \mathrm{TCPI}_2 + \cdots + \mathrm{TCPI}_L) \tag{A.13}$$

式中,S 为全国的面积;而 b_{1j} 为第一个省份在第 j 个影响区域内的面积(非面积权重),共有 L 个省份,其他参数同式(A.10),这样就可以看出 TCPI 在全国各省的分配情况。如式(A.12)所示,称 TCPI_k 为某省的贡献值,将 TCPI_k 与 S 的比值称为该省的相对贡献值。具体的计算方法详见相关文献(尹宜舟 等,2013)

A8. 气候指数

气候指数是基于历史气候资料和未来气候预测结果,通过判断极端天气气候事件致灾阈值,结合社会经济数据及实际灾害损失分析,采用科学的方法对单一或综合气候灾害风险进行的定量化评价。由财新智库和国家气候中心联合发布的中国气候指数系列于 2017 年 3 月 6 日在北京首发。该指数系列为国内首创,填补了气候指数研发空白,开创了气候大数据服务实体经济之先河。中国气候指数系列将打造气候大数据开发应用的新坐标,结构化的气候信息将服务企业生产和居民生活的方方面面,拓宽新经济的广度和深度。

目前,中国气候指数系列包括气候风险指数、雨涝指数、干旱指数、台风指数、高温指数、低

温冰冻指数等。月度指数于每月 5 日定期更新。

气候风险指数：是基于中国逐月干旱指数、暴雨指数、高温指数、低温冰冻指数和台风指数以及近年来气象灾害损失数据来计算。

低温冰冻指数：是基于候平均气温偏低程度等级以及候降雪日数进行非线性组合求得。

高温指数：是根据日最高气温等级及日最高气温≥35 ℃持续天数的非线性组合与日最低气温等级及日最低气温≥25 ℃的持续天数的非线性组合进行算术平均求得。

台风指数：是基于台风影响期间气象站点风雨资料，充分考虑站点间历史气象要素的差异性、气象要素量级间的差异性、风雨指标间的差异性等，对要素进行加权平均得到，风因子选用日最大风速，雨因子选用日降雨量。

暴雨指数：是根据日降水量等级与强降水日数的非线性关系计算得到。

干旱指数：是基于评估干旱程度的最近 30 天标准化降水指数，划分相应级别，确定日干旱指数并累积求得。

A9. 冬麦区气候条件评价方法

(1)评价区域的确定

选取冬小麦主产区的河北、北京、天津、山东、山西、河南、江苏、安徽、陕西、甘肃等省(市)，根据冬小麦品种特性以及耕作措施将冬小麦分成不同区域。

(2)评价方法

根据冬小麦各生育期降水、气温、活动积温以及日照时数等要素及其与常年值比较分析，结合冬小麦不同生育期对光、温、水的要求，评价该年冬麦区气候条件对冬小麦生长发育的影响。

A10. 气候对水资源影响评价方法与标准

A10.1 年降水资源评估方法

(1)各省(区、市)年降水资源计算方法

$$R_i = S_i \times \frac{1}{n}\sum_{j=1}^{n} R_j \qquad j = 1,2,3,\cdots,n \tag{A.14}$$

式中，R_i 为省(区、市)年降水资源量；R_j 为单站年降水量，j 为各省(区、市)内的气象站数；i 为全国 31 个省(区、市)；S_i 为各省(区、市)面积。

(2)全国年降水资源计算方法

$$R = \sum_{i=1}^{31} S_i \times \sum_{i=1}^{31} P_i R_i \qquad P_i = S_i \Big/ \sum_{i=1}^{31} S_i \tag{A.15}$$

式中，P_i 为各省(区、市)的面积加权系数；R 为全国年降水资源。

(3)年降水资源评估方法

全国及各省(区、市)的年降水资源基本服从正态分布，按照年降水资源量偏离各自多年平均值的程度，将全国及各省(区、市)的年降水资源划分为 5 个等级(表 A-3)，表示降水资源的丰枯状况。

表 A-3　年降水资源丰枯评估标准

年型	判别式
异常丰水年	$RS > \bar{R} + 1.5\sigma$
丰水年	$\bar{R} + 1.5\sigma \geqslant RS \geqslant \bar{R} + 0.7\sigma$
正常年	$\bar{R} + 0.7\sigma > RS > \bar{R} - 0.7\sigma$
枯水年	$\bar{R} - 0.7\sigma \geqslant RS \geqslant \bar{R} - 1.5\sigma$
异常枯水年	$\bar{R} - 1.5\sigma > RS$

注：RS、$\bar{R}$、σ 分别为全国或各省(区、市)的年降水资源、1981—2010 年多年平均值、均方差。

A10.2　全国年水资源总量评估方法

(1)水资源总量估算方法

区域水资源总量是指评价区域内地表水和地下水的总补给量。

由于实际统计水资源总量时，涉及项目广，需要详细的大量调查资料，计算复杂，对气候评价业务来讲难度大。考虑到水资源总量与年降水资源量关系密切，采用统计方法，解决水资源总量的计算问题，进而实现水资源总量丰枯评估。

(2)水资源总量线性估算方程如下

$$W_{水资源总量} = a_i \times W_{年降水资源总量} + b_i \quad (A.16)$$

式中，a_i、b_i 为各省(区、市)的参数。该方法计算精度受建模资料序列长度和值域的影响较大。

全国年水资源总量为各省(区、市)年水资源总量的总和。

(3)水资源总量评估指标

评估指标确定与年降水资源评估方法类似。

(4)水资源短缺状况等级划分指标

水资源短缺表现为用水需求得不到保障。除与水资源数量及其时空分布、气候条件等自然因素有关外，还与经济结构、用水习惯和水平、管理状况等因素密切相关。人均年水资源量(米^3/人)为反映水资源短缺状况的一种常用指数，用于水资源短缺风险问题研究。这里采用联合国水资源短缺状况分类等级标准进行评估(表 A-4)。

表 A-4　水资源短缺状况等级划分指标

水资源短缺状况	等级标准(人均年水资源量/(米^3/人))
脆弱	1700～2500
紧张	1000～1700
缺水	500～1000
极缺	<500

(5)十大流域年地表水资源评估

十大流域年地表水资源评估根据各流域的降雨—径流关系，建立年降水量和年径流深的统计模型，用于十大流域的年地表水资源评估工作。具体计算过程：依据径流系数的概念，首先根据算术平均法计算全国十大流域年降水量，通过文献查阅获取十大流域径流系数，利用十大流域年降水量乘以径流系数，可得流域的年径流深，并进一步结合流域面积，可计算得到流域年地表水资源量。

A11. 大气自净能力评价方法与标准

受云量要素观测方法变更的影响，原有的基于地面气象观测站数据的大气自净能力指数(ASI)的计算方法无法继续使用。因此，基于中尺度数值模拟的逐小时输出结果来计算 ASI。

由于大气污染物浓度与大气对污染物的清除能力呈指数函数关系，因此，基于逐时大气边界层气象要素，考虑大气污染物累积效率的 ASI 计算公式为：

$$ASI = ASI_t(1 - e^{-\frac{v_c}{\tau}\delta t}) + ASI_{t-1}e^{-\frac{v_c}{\tau}\delta t} \quad (A.17)$$

式中，v_c 为大气对污染物的平流扩散和湿沉降能力；τ 为空气体积；t 为时间($t=1,2,\cdots,24$)；δt 为积分时间。计算 ASI 的地面风速、混合层高度等由 WRF 模式输出。大气稳定度可以根据 WRF 模式输出的地表感热通量、地面温度、地表粗糙度和摩擦速度首先计算莫宁-奥布霍夫长度，然后判断大气稳定度。

本方法基于逐时 ASI 计算 ASI 日均值，考虑了持续较低的大气自净能力导致的大气污染物累积效应，因此该值与秋冬季京津冀、长三角、汾渭平原等 $PM_{2.5}$ 日均值相关系数相较观测资料计算结果有明显提高；同时参考朱蓉等(2018)的研究结果，当日 ASI 相对于 2001—2020 年同期(滑动 5 天平均)的距平百分率偏低 5%时，易发生大气重污染过程，因此，当某日满足该条件，定义为低自净能力日。

A12. 气候对能源影响评价方法与标准

A12.1 北方冬季采暖耗能评估

(1)地区及资料的选取

选取北方 15 个省(区、市)(黑龙江、吉林、辽宁、内蒙古、新疆、青海、甘肃、宁夏、陕西、山西、河北、河南、山东、北京及天津)的逐日平均气温及月平均气温资料。多年平均值采用 1981—2010 年 30 年平均。

(2)采暖期的确定

根据《中华人民共和国标准：采暖、通风与空气调节规范》的规定，日平均气温稳定≤5 ℃的日期为采暖起始日期，日平均气温稳定≥5 ℃的日期为采暖结束日期，其间的天数为采暖期长度。

(3)采暖度日的定义

采暖度日是计算热状况的一种单位，为某一基准温度与日平均气温之差。我国以 5 ℃作为计算采暖度日的基础温度，日采暖度日表达式为：

$$D_i = t_0 - t_i \quad (A.18)$$

式中，D_i 为某日的采暖度日值；t_0 为基础温度(选定为 5 ℃)；t_i 为逐日平均气温(单位为℃)。D_i 取正值，若某日平均气温大于基础温度，则该日采暖度日为 0。

一段时期内的采暖期度日总量可以反映该时段温度的高低，度日值越大，表示温度越低，反之，表示温度越高。

(4)主采暖期的确定

由于我国北方采暖区范围大，气候条件差异明显，各地主要采暖期不能以统一的日期来确定。为此，依据各站多年平均采暖期开始和结束日期，若采暖起、止月内采暖天数超过 20 天，则确定该月为主采暖期的开始和结束月；否则，以其后一个月或前一个月为主采暖期的起、止月。

(5)北方采暖耗能评估模型

研究表明，采暖期度日总量的变化可以反映该采暖季采暖需求(采暖耗能)的变化。利用采暖度日与温度的相关性，建立单站及区域主采暖期及月的采暖耗能评估模型。

由于冬季(12 月至次年 2 月)的温度变化对整个采暖季的采暖需求(耗能)起决定性作用，因此，将各站主采暖期度日变率(即距平百分率)与冬季平均气温距平建立主采暖期采暖耗能评估模型，用于对整个采暖季(冬季)采暖耗能进行定量评估。区域主采暖期及月采暖评估方法与此类似。

A12.2　夏季降温耗能评估模型

(1)降温度日的定义

降温度日数是指一段时间(月、季或年)内日平均气温高于某一基础温度的累积度数。如果日平均气温低于该基础温度，则这一天无降温度日数。降温度日数越大，表示温度越高。

$$D = t - t_0 \qquad (A.19)$$

式中，D 为降温度日值；t_0 为基础气温；t 为逐日平均气温，单位均为℃。

(2)基础温度的设定

考虑到我国南方地区夏季气温高且持续时间长，降温设备的使用更加普遍，相应的降温耗能受气温的影响也更大。因此，将基础温度设定为 25 ℃。

(3)降温电量测算方法

先测算降温负荷。采用基准负荷法进行降温负荷的测算，直接利用电网的负荷曲线来推算降温负荷曲线。每日降温负荷由 96 点(国家电网每 15 分钟记录一次用电负荷，每 24 小时累积 96 个点)日负荷曲线减去 96 点基础负荷曲线获得，即

$$P_{c,d,h} = P_{d,h} - P_{dt,h} \qquad (A.20)$$

式中，$P_{c,d,h}$为 d 天 h 小时的降温负荷；$P_{d,h}$为 d 天 h 小时的总负荷；$P_{dt,h}$为 d 天所对应的典型日 h 小时的基础负荷。典型日基础负荷曲线为春季典型日(4 月 15 日至 5 月 15 日)负荷曲线与秋季典型日(9 月 15 日至 10 月 15 日)负荷曲线的平均值。

降温电量为降温负荷在时间上的积分，发电量为负荷曲线在时间上的积分。降温电量占比为降温电量与发电量的比值。

(4)夏季降温评估模型

利用各省夏(区、市)季降温用电量占比与降温度日、降温度日距平和最高温距平 3 个变量建立降温耗能评估模型。模型如下：

$$\begin{aligned}\mathrm{erate}_i = & -7.984\mathrm{e}^{-2} + 1.137\mathrm{e}^{-3} \times \mathrm{cdd} - 2.092\mathrm{e}^{-6} \times \mathrm{cdd}^2 + \\ & 2.654\mathrm{e}^{-3} \times \mathrm{cddjp} - 1.952\mathrm{e}^{-5} \times \mathrm{cddjp}^2 + 3.902\mathrm{e}^{-2} \times \mathrm{tmaxjp} + \varepsilon_i \end{aligned} \qquad (A.21)$$

式中，erate_i 为第 i 省(区、市)夏季降温用电量占比；cdd、cddjp、tmaxjp 分别为第 i 省(区、市)夏季降温度日、降温度日距平和最高温距平；ε_i 为各省(区、市)的个体差异系数。降温用电量及占比数据来自 2021 年省级电力部门，气象数据来自中国气象局。多年平均值采用 1981—2010 年 30 年平均。

A13. 交通运营不利天气计算方法

交通运营不利天气包括 10 毫米以上降水、雪、冻雨、雾及扬沙、沙尘暴、大风等天气。交通运营不利天气日数是指一段时期内，累积发生一种或几种上述天气现象日数的总和。

附录 B 2021 年全国主要冰雹和龙卷事件

(1)3 月 30—31 日，新疆阿克苏地区新和、拜城、温宿、阿克苏、库车、沙雅等 7 个县(市)出现冰雹、雷阵雨、大风、强降温天气。共计 4.7 万人受灾；棉花、辣椒、香梨、苹果等农作物受灾面积 1.7 万公顷；直接经济损失近 9500 万元。

(2)3 月 30 日至 4 月 1 日，湖南省长沙、湘西、常德、怀化、益阳 5 市(自治州)18 个县(市、区)遭受风雹、暴雨灾害。其中怀化市麻阳苗族自治县冰雹最大直径 55 毫米，鹤城区降雹持续时间约 15 分钟；常德市桃源县最大日雨量为 127.8 毫米。全省共计 3.8 万人受灾；2100 余间房屋不同程度损坏；农作物受灾面积 4300 公顷，其中绝收面积 100 余公顷；直接经济损失 1 亿元。

(3)3 月 30 日至 4 月 1 日，江西省景德镇、赣州、宜春、南昌、上饶 5 市 20 个县(市、区)遭受冰雹、雷雨大风、短时强降水等强对流天气袭击。其中，景德镇市乐平市最大日降雨量 150 毫米；南昌市区冰雹最大直径 60 毫米，南昌县最大风速 28 米/秒(10 级)。全省共计 6.2 万人受灾，2 人因雷击死亡(上饶市余干县、南昌市南昌县各 1 人)；1.5 万间房屋不同程度损坏；油菜、早稻、蔬菜等农作物受灾面积 4400 公顷，其中绝收面积 300 余公顷；直接经济损失近 7000 万元。

(4)3 月 30—31 日，贵州省遵义、铜仁 2 市 7 个县遭受风雹灾害。其中，铜仁市江口县、沿河土家族自治县和遵义市务川仡佬族苗族自治县冰雹最大直径均约 30 毫米。全省共计 5.8 万人受灾；9100 余间房屋不同程度损坏；油菜、马铃薯、蔬菜等农作物受灾面积 3300 公顷，其中绝收面积近 300 公顷；直接经济损失 1.3 亿元。

(5)4 月 29—30 日，山东省青岛、烟台、威海、日照、济宁、临沂、枣庄等市部分地区先后出现冰雹、雷电、大风等强对流天气，冰雹最大直径约 40 毫米，降雹持续时间 20 分钟左右，最大风力 12 级，造成部分地区小麦及樱桃等林果作物不同程度受灾。据气象部门不完全统计，日照、枣庄、济宁、临沂 4 市 5 个县(市)共计 2.46 万人受灾，农作物受灾面积 3000 多公顷，直接经济损失 1.1 亿元。

(6)4 月 29—30 日，江苏省沿江及以北大部分地区遭受大风、冰雹等强对流天气袭击。30 日全省 13 个市的 630 个乡镇(街道)(占全省 50.4%)日极大风力超过 8 级(17.2 米/秒)，其中南通通州湾最大风力达 15 级(47.9 米/秒)、南通通州三余镇 14 级(45.4 米/秒)、海门包场镇东灶港 12 级(39 米/秒)。徐州、宿迁、连云港、淮安、盐城、扬州、泰州、南通和常州 9 个市(20 个县、市、区)的 23 个乡镇(街道)出现冰雹，其中宿迁市泗阳城区、淮安市淮安区冰雹最大直径 30～50 毫米。全省共计 2.7 万人受灾，因灾死亡 17 人，失踪 11 人，紧急转移安置 3000 多人；农作物受灾面积 1.1 万公顷，其中成灾面积 3600 多公顷，绝收面积 700 多公顷；倒塌房屋近 400 间，损坏房屋 1.2 万间；直接经济损失 1.64 亿元。

(7)4 月 30 日，云南省曲靖市罗平县、大理白族自治州鹤庆县局地遭受大风、冰雹袭击。

共计9.3万人受灾;农作物受灾面积6060多公顷,其中成灾面积5130多公顷,绝收面积700多公顷;直接经济损失9610余万元。

(8)5月2—5日,甘肃省陇南、定西、平凉、天水、庆阳、兰州、甘南、白银等9市(地区、自治州)18个县(区)遭受风雹灾害。其中,白银市会宁县冰雹最大直径约11毫米;陇南市礼县冰雹最大直径约10毫米;定西市通渭县冰雹最大直径约10毫米;平凉市庄浪县、静宁县冰雹最大直径5～10毫米,降雹持续时间5～10分钟;天水市甘谷县、秦安县降雹持续时间20～25分钟,冰雹最大直径25～30毫米;兰州市永登县极大风速27.1米/秒(10级)。全省共计35.5万人受灾;2900余间房屋不同程度损坏;中药材、玉米、油菜籽、马铃薯、大豆、小麦等农作物受灾面积3.29万公顷,其中绝收2300公顷;直接经济损失3.3亿元。

(9)5月2—3日,贵州省铜仁、六盘水、黔东南、黔西南、黔南、遵义、安顺、贵阳、毕节9市(自治州)31个县(市、区)遭受风雹灾害。其中毕节市金沙县降雹持续时间约17分钟,冰雹最大直径30毫米;贵阳市息烽县冰雹最大直径15毫米;遵义市习水县冰雹最大直径5毫米,最大风速22.1米/秒(9级);安顺市西秀区冰雹最大直径10毫米;黔南布依族苗族自治州长顺县冰雹最大直径15毫米。全省共计13.6万人受灾;近6100间房屋不同程度损坏;油菜、辣椒、高粱、烤烟、水稻、玉米及经济林果受灾面积约1万公顷,其中绝收2300公顷;直接经济损失1.1亿元。

(10)5月2—3日,重庆市合川、秀山、荣昌、巴南、长寿、璧山、丰都、江北、铜梁、綦江、渝北、九龙坡等13个县(区)遭受暴雨、风雹灾害。其中,合川区最大24小时雨量114.5毫米,最大小时雨量53.5毫米,最大风力达12级(34.2米/秒);秀山土家族苗族自治县最大累积雨量209.7毫米,最大小时雨量55.3毫米;巴南区极大风速27.5米/秒(10级);荣昌区最大小时雨量为51.3毫米。共计4.5万人受灾,1人死亡;1.4万间房屋不同程度损坏;农作物受灾面积1300公顷,其中绝收面积100余公顷;直接经济损失8300余万元。

(11)5月3—5日,广西大部出现大雨到特大暴雨,并伴有雷暴大风、冰雹等强对流天气。据统计,百色市的田阳县、田东县、德保县、靖西县、那坡县、田林县、西林县,崇左市的天等县,南宁市的西乡塘区、隆安县,贵港市的平南县等出现冰雹。3日20时至5日20时,全区共出现大暴雨5站日、暴雨20站日,其中累积雨量超过200毫米的有柳州市融水县和睦镇(267.7毫米)和河池市罗城县宝坛乡(236.7毫米),最大1小时雨量为桂林市永福县百寿镇(84.6毫米);最大3小时雨量为钦州市灵山县文利镇(153.7毫米)。此外,田林、平果、崇左、柳城、融水等地出现8级以上大风,崇左江州区最大风力达12级(33.9米/秒)。据广西应急管理厅核报统计,本次天气过程造成南宁、柳州、桂林、百色、河池等5市26县(区)出现洪涝、风雹及次生地质灾害。共计8.18万人受灾;农作物受灾面积5507公顷,其中成灾面积2977公顷,绝收面积876公顷;倒塌房屋28间,损坏房屋534间;直接经济损失1.17亿元。

(12)5月6—7日,山东省滨州、东营、淄博、潍坊、烟台等地先后出现冰雹,冰雹直径约20毫米。其中,烟台市福山区、栖霞市、龙口市、蓬莱区遭受冰雹灾害,苹果、樱桃等果树被砸。全市受灾4.17万人;农作物受灾面积7100余公顷,其中成灾面积5320余公顷,绝收面积580余公顷;农业损失5.61亿元。

(13)5月8—14日,贵州省黔西南、黔南、黔东南、贵阳、毕节、安顺、遵义、六盘水8市(自治州)34个县(市、区)遭受风雹灾害。其中,黔西南布依族苗族自治州安龙县冰雹最大直径25毫米,最大风速17.7米/秒(8级);普安县冰雹最大直径16毫米,最大风速22.9米/秒(9级);

兴仁市冰雹最大直径20毫米。黔南布依族苗族自治州长顺县冰雹最大直径25毫米；瓮安县冰雹最大直径5毫米；惠水县冰雹最大直径30毫米，最大密度300粒/米^2。黔东南苗族侗族自治州锦屏县冰雹最大直径40毫米，最大24小时降水量达277.9毫米；镇远县冰雹直径20毫米，最大瞬时风速20.3米/秒(8级)。贵阳市乌当区冰雹最大直径20毫米左右，密度30粒/米^{2}左右；息烽县冰雹最大直径25毫米左右；观山湖区冰雹最大直径15毫米左右；息烽县冰雹最大直径25毫米左右，极大风速21.1米/秒(9级)；花溪区冰雹最大直径10毫米，密度30粒/米^{2}左右。毕节市金沙县冰雹最大直径约30毫米；毕节市黔西市最大风速26.6米/秒(10级)，冰雹最大直径20毫米，最大小时雨强100.5毫米/小时。安顺市关岭布依族苗族自治县冰雹最大直径30毫米左右；紫云苗族布依族自治县降雹持续时间近20分钟，冰雹最大直径约40毫米，密度50粒/米^2；平坝区冰雹最大直径5毫米，最大过程降雨量111.7毫米，最大瞬时风速达36.6米/秒(12级)。遵义市余庆县冰雹最大直径30毫米；务川仡佬族苗族自治县冰雹最大直径20毫米。全省共计41.3万人受灾；水稻、玉米、油菜、高粱、蔬菜、果树等农作物受灾面积3.7万公顷，其中成灾面积2.2万公顷，绝收面积8000多公顷；损坏房屋1万余间；直接经济损失超过6亿元。

(14)5月10日，山东省烟台市栖霞、莱州、莱阳、经济技术开发区4市(区)部分乡镇遭受冰雹、雷雨大风和短时强降水袭击，降雹持续时间3～15分钟不等，冰雹最大直径20毫米左右，最大阵风7～8级，最大降水量53毫米。全市共计13.1万人受灾；苹果、梨、大樱桃、冬小麦等农作物受灾面积1.12万公顷；直接经济损失约1.08亿元。

(15)5月10—11日，安徽省芜湖、池州、马鞍山、黄山、安庆5市17个县(市、区)遭受风雹、暴雨灾害。其中，池州市青阳县最大小时雨强70.3毫米/小时，安庆市大观区最大阵风风速达35.2米/秒(12级)。全省共计8.8万人受灾；近3500间房屋不同程度损坏；农作物受灾面积7900公顷，其中绝收面积200余公顷；直接经济损失9700余万元。

(16)5月10—11日，湖北省武汉、荆门、荆州、黄石、鄂州、孝感、宜昌、襄阳、黄冈等市的23个县(市、区)遭受风雹、暴雨灾害。其中，武汉市有5站极大风力超过12级，超过武汉国家级气象站极大风速极值(27.9米/秒，1956年3月17日、1960年5月17日)，最大阵风出现在武汉二七长江大桥(44.9米/秒，14级)；武汉城市学院1小时最大降水量达100毫米，孝感市孝昌县为98毫米；襄阳市枣阳市冰雹如黄豆大小。全省共计12.5万人受灾，因灾死亡3人(武汉市轨道交通三阳路物业开发项目，高艺幕墙装饰工程有限公司2名工人使用擦窗机在北侧17楼高度施工，突遇强风导致擦窗机与楼层玻璃幕墙多次碰撞致2人死亡。武汉市黄陂区1人因大风吹倒树木压砸经抢救无效死亡)；5700余间房屋不同程度损坏；小麦、水稻、黄豆、蔬菜等农作物受灾面积1.78万公顷；直接经济损失1亿元。

(17)5月10—11日，湖南省长沙、郴州、永州3市5个县(市)部分乡镇遭遇大风、暴雨、冰雹袭击。其中，长沙市宁乡市鸡蛋大的冰雹将停放在外的车辆后窗砸破，浏阳市最大累积降水量109.1毫米；郴州市嘉禾县局地降雹过程持续约半小时，最大冰雹如鸡蛋大小。共计6.47万人受灾；农作物受灾面积4200多公顷，其中成灾面积2300多公顷，绝收面积1900多公顷；倒塌房屋26间，损坏房屋4000多间；直接经济损失1.28亿元。

(18)5月10—13日，江西省部分地方出现冰雹、雷暴大风、短时强降水等强对流天气。5月10日08时至14日08时，全省有6县(市、区)的11个测站雨量超过250毫米，其中上饶市余干县洪家嘴331毫米为最大；进贤、上高、崇仁等21县(市、区)出现冰雹；有177个测站出现

8级以上阵风，以玉山县下镇11级(30米/秒)为最大。据气象部门统计，此次风雹天气共造成南昌、九江、景德镇、新余、鹰潭、赣州、宜春、上饶、吉安、抚州10个市48个县(市、区)35万人受灾，因灾死亡3人(雷击死亡2人，大风刮倒雨棚致1人死亡)；早稻、蔬菜、烟叶、油菜等农作物受灾面积2.12万公顷，其中绝收面积1000公顷；倒塌房屋86间，损坏房屋5200余间；直接经济损失2.4亿元。

(19)5月10—13日，福建省南平市5个县(市、区)遭受风雹灾害。其中，武夷山市冰雹最大直径10毫米左右，最大阵风8级。共计4900余人受灾；1100余间房屋不同程度损坏；烟叶、芋子、香菇、西瓜、水蜜桃等农作物受灾面积1300公顷，其中绝收面积100余公顷；直接经济损失3900余万元。

(20)5月13日，广西崇左市扶绥县山圩镇出现了短时强降雨、雷暴大风、冰雹等强对流天气，造成3.1万人受灾，41人受伤，农作物受灾(成灾)面积352公顷，直接经济损失1.49亿元。其中受灾企业39个，木片场倒塌94间，损坏厂房116间，受淹企业3家，工矿企业直接经济损失1.26亿元。

(21)5月14—16日，河南省南阳、信阳、驻马店、周口、商丘、焦作、濮阳、平顶山、开封、漯河等市出现短时强降水、雷雨大风、冰雹等强对流天气。全省自北向南出现5～7级偏北大风，局地阵风8～10级，许昌禹州无梁最大风速达32.5米/秒(11级)。此次灾害正值小麦收割前期，造成65个县(市、区)734个乡镇小麦大面积倒伏，部分村庄农田积涝，道路、房屋、鱼塘、基础设施和公共服务设施受损。据省应急厅统计，全省共计246.5万人受灾；农作物受灾面积18.98万公顷，其中成灾面积2.5万公顷，绝收面积3200公顷；倒损房屋69间；直接经济损失超过5亿元。

(22)5月14日19时前后，江苏省苏州市吴江区盛泽镇部分地区突遭龙卷袭击，中心最大风力17级。灾害共造成4人死亡，149人不同程度受伤；电力设施和多处房屋受损，受损农户84户，受损面积1500米^2；受损企业17户，受损面积13000米^2。吴江中天喷织有限公司周边，是这次受灾情况较为严重的地区，部分厂房只剩下断壁残垣，建筑铁皮板被拧成了麻花状。一些老旧平房发生了坍塌。附近干道上，大量树枝被折断。

(23)5月14—16日，安徽省安庆、滁州、宣城、黄山、池州5市19个县(市、区)遭受暴雨、雷雨大风、冰雹等强对流天气袭击。其中，安庆市宿松县最大阵风达39.4米/秒(13级)，冰雹最大直径30毫米左右；望江县日最大降雨量56.2毫米，最大阵风35.2米/秒(12级)，冰雹直径约10毫米。黄山市祁门县最大阵风33.4米/秒(12级)，24小时最大降雨量157.1毫米，冰雹直径10毫米左右，降雹持续时间5～6分钟。宣城市宣州区冰雹最大直径30毫米左右；绩溪县12小时最大降雨量114毫米。池州市东至县24小时最大降水量174.0毫米，1小时最大降水量59.3毫米。全省共计18.7万人受灾；4600余间房屋不同程度损坏；农作物受灾面积1.49万公顷，其中绝收面积1100公顷；直接经济损失2.4亿元。

(24)5月14—15日，湖北省国家级气象站和区域气象站共有169站出现极大风速≥17米/秒的大风，其中15日阳新(27.7米/秒)、武穴(27.5米/秒)极大风速为有气象记录以来最大风速；全省共961站出现暴雨、158站大暴雨。武汉市汉南区、蔡甸区，黄冈市英山县、浠水县、罗田县，黄石市阳新县，荆州市监利县，天门市，荆门市京山县，恩施土家族苗族自治州来凤县，咸宁市崇阳县、通山县，随州市广水市13个县(市、区)出现冰雹。鄂西南、江汉平原和鄂东等出现大范围闪电，闪电次数达5.3万。14日晚局地还发生龙卷。据湖北省应急厅截至5月

18日统计，此次强降雨和强对流天气引发风雹、洪涝灾害，共造成武汉市、黄石市等15市(州、省直管市)107.05万人受灾，因灾死亡10人(武汉市)；农作物绝收面积4800公顷；因灾倒塌房屋755间；直接经济损失9.51亿元。

(25)5月14日17时，湖北省黄冈市黄梅县出现冰雹、龙卷、阵雨等强对流天气，导致部分乡(镇、村)不同程度受灾。这次风雹灾害涉及4个乡、镇(停前、杉木、五祖、杉木)32个村，全县受灾26685人；损坏房屋826间；农作物受灾面积280公顷，其中成灾面积187公顷，绝收面积33公顷；电线杆吹倒或断裂29根，13个变电器损坏；公路冲毁(损)7处；直接经济损失约929万元，其中农业损失302万元。5月14日20时30分至21时，武汉市蔡甸区奓山片、武汉经济技术开发区军山片突发强龙卷。此次龙卷影响距离长达18千米左右，最大破坏直径1000米左右，持续时间约30分钟。据气象部门组织专家连夜奔赴蔡甸区天子山附近工地开展现场调查，沿途随处可见树木折断倒伏，部分树木被连根拔起，民居屋顶被掀翻，千子山循环经济产业园工地内通信信号塔、电线杆、工地塔吊被吹倒，桩基钢筋被吹弯。据应急管理部门通报，截至5月18日15时，此次龙卷和强降雨共造成武汉开发区、蔡甸、黄陂等2.52万人受灾，死亡10人，伤230人；倒塌房屋504间，严重损坏房屋1039间；农作物受灾面积2222公顷，其中成灾面积1248公顷，绝收面积449公顷；直接经济损失约3.01亿元。

(26)5月14—17日，江西省南昌、宜春、吉安、景德镇、上饶、九江等7市40个县(市、区)遭受风雹灾害。据气象部门统计，5月15日08时至17日08时，江西省共有19县(市、区)的75个测站雨量超过100毫米，以赣州市崇义县杰坝乡193毫米为最大；21县(市、区)的24个测站阵风超过10级，以九江市星子县蓼南乡11级(32.2米/秒)为最大；南昌市新建区，吉安市吉安县及九江市瑞昌、彭泽、德安、都昌等县(市、区)冰雹最大直径50～60毫米，南昌昌北国际机场因突降冰雹，一度造成2个航班受影响滑回。此次风雹天气共造成15.2万人受灾，1人因雷击死亡；3200余间房屋不同程度损坏；玉米、蔬菜、油菜、水稻等农作物受灾面积9600公顷，其中绝收面积400余公顷；直接经济损失1.4亿元。

(27)5月15—16日，贵州省毕节、遵义、贵阳、黔东南、黔南5市(自治州)7个县遭受短时强降雨、雷暴大风、冰雹等强对流天气袭击。其中，毕节市金沙县冰雹最大直径约20毫米；遵义市余庆县冰雹最大直径为20毫米，极大风速达22.9米/秒(9级)，12小时最大雨量86.9毫米；贵阳市开阳县冰雹最大直径5毫米左右，最大小时雨强20.1毫米/小时，瞬时极大风速达44.5米/秒(14级)；黔东南苗族侗族自治州岑巩县12小时最大降水量103.4毫米；黔南布依族苗族自治州瓮安县最大小时雨强27.4毫米/小时，冰雹最大直径25毫米，极大风速为33.6米/秒(12级)。共计7.4万人受灾；秧苗、玉米、烤烟、高粱、辣椒、水果、中药材等农作物受灾面积4200多公顷，其中成灾面积2300多公顷，绝收面积400多公顷；损坏房屋9000多间；直接经济损失2.2亿元。

(28)5月19日，甘肃省兰州市永登县、临夏回族自治州东乡族自治县、庆阳市庆城县、白银市会宁县、天水市秦安县、平凉市静宁县发生冰雹灾害。其中永登县冰雹直径5～15毫米不等；东乡县冰雹直径约9毫米，降雹持续时间5分钟；庆城县冰雹直径10毫米左右，降雹持续时间约15分钟；会宁县冰雹直径约15毫米；天水市秦安县降雹持续时间5～12分钟，最大直径约30毫米。共计9万人受灾；小麦、玉米、马铃薯、苹果、西瓜、胡麻、大豆、油菜等农作物受灾面积1.33万公顷，其中成灾面积3500多公顷；1400多座塑料大棚受损；直接经济损失1.04亿元。

(29)5月20—21日，河南省出现大范围短时强降水、雷暴大风、冰雹等强对流天气。新乡、郑州、开封、许昌等地区局部出现6～7级、阵风8～10级大风，其中许昌建安最大风速达31.6米/秒(11级)；新乡、鹤壁、郑州、开封、许昌、安阳、周口、漯河等地局部出现冰雹，其中新乡市卫辉市、延津县、辉县市冰雹最大直径8～15毫米不等，安阳市林州市冰雹最大直径约15毫米，许昌市建安区、长葛市、鄢陵县冰雹最大直径10毫米左右。此次风雹天气造成郑州、开封、安阳、新乡、焦作、许昌、漯河、周口、南阳等23个县(市、区)116个乡镇即将收割的小麦大面积倒伏、损失严重。据河南省应急厅统计，全省共计67.05万人受灾；经济林果及春玉米、蔬菜、红薯、油葵、棉花等农作物受灾面积5.69万公顷，其中成灾面积3.05万公顷，绝收面积4600公顷；直接经济损失3.84亿元。

(30)6月7—9日，陕西省延安、榆林、铜川3市11个县(区)遭受风雹、暴雨灾害。其中，延安市安寨区冰雹最大直径18毫米，降雹持续时间15～30分钟；延川县降雹持续约30分钟左右；宝塔区1小时最大降雨量达60.8毫米，降雹直径约2～3毫米。榆林市靖边县降雹持续时间5～8分钟，冰雹直径1～3毫米。全省共计2.1万人受灾；苹果、玉米、杂粮和瓜果等农作物受灾面积3300公顷，其中绝收600余公顷；直接经济损失8000余万元。

(31)6月9—10日，新疆兵团第一师、第三师、第八师3师9个团遭受风雹、暴雨灾害，冰雹最大直径5毫米。8000余人受灾；棉花、香梨、苹果、红枣、小麦等农作物受灾面积1.11万公顷；直接经济损失9800余万元。

(32)6月12—13日，内蒙古巴彦淖尔、包头、鄂尔多斯、赤峰、锡林郭勒5市(盟)11个县(区、旗)出现雷雨、大风、冰雹等强对流天气。其中巴彦淖尔市临河区1小时最大降水量23.6毫米，鄂尔多斯市杭锦旗风雹天气持续时间约40分钟，赤峰市宁城县冰雹最大直径5毫米。共计8.9万人受灾；小麦、玉米、葵花、葫芦、番茄、青椒、辣椒、瓜类等农作物受灾面积4.18万公顷；直接经济损失4.1亿元。

(33)6月12日，新疆阿拉尔市垦区七团、八团、九团、十二团出现大雨、冰雹天气，造成棉花、香梨、苹果、红枣、小麦、辣椒等多种农作物受灾。共计受灾面积1.19万公顷，其中重灾面积4440公顷；涉及职工群众4531户9233人；直接经济损失1.95亿元。

(34)6月13—14日，新疆喀什地区阿克苏市、温宿县、阿瓦提县和喀什地区巴楚县出现短时强降水、冰雹、雷雨大风等强对流天气，其中温宿县降雹持续时间约20分钟，冰雹直径约10毫米，地面积雹深度约1厘米。共计1.4万人受灾；小麦、棉花、玉米、辣椒、南瓜、苹果、香梨、核桃、红枣、西瓜、杏子、桃子等农作物受灾面积1.67万公顷；直接经济损失1.3亿元。

(35)6月22日，新疆伊犁哈萨克自治州昭苏县喀拉苏镇、察汗乌苏乡、萨尔阔布乡、夏特乡、胡松图喀尔逊乡发生暴雨、冰雹灾害天气，降雹持续时间15分钟左右，冰雹直径5～20毫米不等，地面积雹厚度1～4厘米。全县共计9727人受灾；小麦、油菜、蚕豆、甜菜、青储玉米、食葵受、马铃薯等农作物受灾面积1.26万公顷，其中成灾面积8867公顷，绝收面积1593公顷；直接经济损失7394万元。

(36)6月25—26日，北京市延庆、密云、昌平、怀柔、平谷、朝阳、门头沟、海淀8个区局地出现冰雹，冰雹多为黄豆粒大小，其中延庆区冰雹最大直径45毫米左右。上述地区局地还出现短时强降水和7～9级大风，其中密云区最大雨强达78.8毫米/小时。共计2.4万人受灾；玉米、蔬菜等农作物受灾面积8400公顷，其中绝收面积100余公顷；直接经济损失8400余万元。

(37)6月27—29日，山西省吕梁、太原、长治、阳泉、晋城5市8个县(市)遭受风雹、暴雨灾害。其中，长治市平顺县1小时最大降雨量达46.9毫米，极大风速达44.3米/秒(14级)；阳泉市平定县大雨、大风、冰雹持续时间约30分钟。共计5.3万人受灾，因灾死亡1人；农作物受灾面积6000多公顷；直接经济损失4700多万元。

(38)7月1—3日，内蒙古赤峰、通辽、兴安、包头、呼和浩特、乌兰察布6市(盟)12个县(市、旗)发生短时强降雨、冰雹、大风等强对流天气。其中，兴安盟科尔沁右翼前旗连续两天出现冰雹；突泉县冰雹最大直径40毫米，降雹持续时间约40分钟。呼和浩特市土默特左旗冰雹最大直径20毫米，降雹持续时间7～8分钟。通辽市科尔沁左翼中旗1小时最大降水量25.8毫米，最大冰雹似核桃大；奈曼旗最大风速20.7米/秒(8级)，冰雹最大直径30毫米左右；开鲁县冰雹灾害持续约半小时。赤峰市敖汉旗1小时最大降雨量达51.5毫米；阿鲁科尔沁旗极大风速20.5米/秒(8级)。此次风雹天气共造成4.2万人受灾；玉米、高粱、大豆、葵花、小麦、马铃薯等农作物受灾面积2.7万公顷，其中成灾面积1.6万公顷，绝收面积1万公顷；直接经济损失1.26亿元。

(39)7月1—3日，河北省保定、张家口、承德、沧州等市22个县(市、区)遭受短时强降水、雷暴大风、冰雹等强对流天气袭击，其中7月1—3日13个县(市、区)出现冰雹。承德市隆化县冰雹最大直径25毫米，降雹持续时间25分钟，极大风速达23.9米/秒(9级)。张家口市怀来县瞬时风力达8级，冰雹最大直径达35毫米；崇礼区冰雹直径最大约10毫米。据民政部门统计，全省共计5.7万人受灾；100余间房屋不同程度损坏；谷黍、玉米、蔬菜等农作物受灾面积5400公顷，其中绝收面积400余公顷；直接经济损失近8700万元。

(40)7月5—6日，山西省大同市天镇县、阳高县、灵丘县、新荣区和广灵县遭受暴雨和冰雹灾害。其中，天镇县、阳高县降雹持续时间达40分钟，冰雹大如鸡蛋，1小时最大降水量20.9毫米。5县(区)共计9万多人受灾；玉米、高粱、马铃薯、蔬菜等农作物受灾面积1.9万公顷，其中成灾面积1.38万公顷，绝收面积2200多公顷；近1500个农作物大棚不同程度损坏，死亡羊100只，房屋受损20多间；直接经济损失2.67亿元。

(41)7月7—8日，山西省忻州、大同、长治、临汾、吕梁5市7个(县)出现雷暴大风、冰雹、暴雨等强对流天气。其中，临汾市大宁县风雹持续时间30多分钟，襄汾县测站观测到冰雹最大直径为25毫米；大同市阳高县降雹持续时间20多分钟；长治市沁源县1小时最大降水量22.5毫米。共计7万人受灾；玉米、高粱、苹果、梨、西瓜等农作物受灾面积9800多公顷，其中成灾面积5400多公顷；直接经济损失近7000万元。

(42)7月7—8日，甘肃省庆阳、白银、甘南、兰州4市(州)5个县遭受短时强降水、冰雹、大风等强对流天气袭击。其中，庆阳市镇原县风雹持续时间约40分钟，冰雹最大直径达30毫米，24小时最大降水量55.2毫米；白银市会宁县降雹持续时间20分钟，冰雹最大直径10毫米；甘南藏族自治州临潭县冰雹最大直径8毫米；兰州市永登县、榆中县冰雹直径6～8毫米，降雹持续时间6分钟左右。共计3.4万人受灾；玉米、小麦、马铃薯、高粱、万寿菊、胡麻、西瓜、苹果等农作物受灾面积1.3万公顷，其中成灾面积8900公顷；直接经济损失4900多万元。

(43)7月8—9日，河南省洛阳市、焦作市、南阳市和济源示范区共13县(市、区)出现雷雨、大风、冰雹等强对流天气。洛阳市大部分地区出现6～8级大风和局地冰雹，冰雹直径10毫米左右，降雹持续时间约20分钟，栾川县庙子镇和重渡沟管委会短时降雨量达70～84毫米；南阳市西峡县局地阵风达7～8级；焦作市局地伴有11～12级短时大风，其中孟州市有6

个乡镇出现 11 级以上大风，瞬时最大风速达 36.5 米/秒(12 级)；济源示范区局地出现短时强降水，并伴有 9～10 级短时大风。全省共计 10.5 万人受灾；农作物受灾面积 7600 公顷，其中成灾面积 3100 公顷，绝收面积 100 多公顷；直接经济损失 1.16 亿元。

(44)7 月 8—10 日，山东省菏泽、德州、济南、滨州、东营、淄博、潍坊、泰安、济宁、青岛、烟台等 11 市至少 14 个县(市、区)出现冰雹。其中，淄博市张店区冰雹最大直径 30 毫米，降雹持续时间 18 分钟；济宁市邹城市阵风最大风力达到 12 级。此次风雹天气共造成 2.7 万人受灾，1 人被受损的房屋砖石砸死；葡萄、草莓、西瓜、蔬菜、棉花、玉米等农作物受灾面积约 3300 公顷；损坏房屋 1700 多间，损毁大棚约 300 座；直接经济损失 9000 多万元。

(45)7 月 8—9 日，陕西省商洛、延安 2 市 6 个县(区)遭受风雹、暴雨灾害。此次风雹天气共造成 5.9 万人受灾；倒塌、损坏房屋 30 多间；玉米、烤烟、蔬菜、核桃等农作物受灾面积 2660 公顷，其中成灾面积 2078 公顷，绝收面积 702 公顷；直接经济损失 7678 万元。

(46)7 月 11 日傍晚，山东省聊城市莘县、高唐县出现龙卷。其中莘县龙卷持续时间约 15 分钟，移动路径长约 6 千米，明显毁损宽度约 150～200 米，最大宽度 300 米左右，有 25 人受伤；高唐县龙卷持续时间约 20 分钟，移动距离约 16 千米，有 2 人死亡，7 人受伤；2 县玉米、梨树、棉花等受灾面积共计近 800 公顷。7 月 12 日 14 时前后，东营市东营区六户镇武王村出现龙卷。据山东省应急厅统计，龙卷造成聊城、东营 2 市 16 个乡镇(街道)约 9000 多人受灾；损坏房屋约 4000 多间、大棚 610 座、企业厂房仓库 68 家；直接经济损失约 6.3 亿元。

(47)7 月 13—15 日，山西省临汾、忻州、太原、晋城、吕梁、长治、大同 7 市 12 个县(市、区)遭受雷暴大风、冰雹、短时强降水袭击。其中，临汾市安泽县冰雹最大直径 26 毫米；晋城市陵川县冰雹最大直径 40 毫米，极大风速达 35.6 米/秒(12 级)；太原市娄烦县风雹持续时间近 40 分钟；长治市沁源县 1 小时最大降水量 43.2 毫米。据气象部门不完全统计，共计 6.6 万人受灾；玉米、高粱、苹果、西瓜、谷子、核桃、苹果等农作物受灾面积 4.4 万公顷；直接经济损失 1.3 亿元。

(48)7 月 13—15 日，新疆建设兵团第五师八十六团、八十三团、八十四团和阿拉尔市十团、十一团、十二团、十三团等地遭受风雹、暴雨灾害。共计 5800 余人受灾；棉花、香梨、苹果、红枣等农作物受灾面积 1.6 万公顷；直接经济损失 6500 余万元。

(49)7 月 14 日，河南省部分地区遭受短时强降水、雷暴大风、冰雹等强对流天气袭击。其中洛阳市洛宁县、伊川县局地出现 10～12 级雷暴大风，洛宁县回族镇极大风速达 36.6 米/秒(12 级)；南阳市西峡县局地风力 10～11 级；商丘市永城市极大风速 30.9 米/秒(10 级)；三门峡市灵宝市、卢氏县局地出现短时强降雨并伴冰雹，冰雹最大直径 15 毫米，降雹持续时间 25 分钟左右。据气象部门统计，此次风雹天气造成洛阳市栾川县、汝阳县、洛宁县、伊川县，三门峡市卢氏县、灵宝市，南阳市南召县、西峡县、镇平县、内乡县、桐柏县以及新乡市长垣市和商丘市永城市共 13 县(市)85 个乡(镇)10.8 万人受灾；玉米、烟叶、苹果等农作物受灾面积 6800 公顷，其中成灾面积 4100 公顷，绝收面积 110 公顷；损坏房屋 46 间；直接经济损失 1.22 亿元。

(50)8 月 13—15 日，河北省承德、保定、张家口 3 市 7 个县(市)遭受风雹灾害，其中张家口市赤城县降雹持续时间 15 分钟。共计 4.6 万人受灾；农作物受灾面积 8600 多公顷，其中绝收 3400 多公顷；直接经济损失 1.2 亿元。

(51)8 月 16 日，新疆阿克苏、巴州等地 7 县(市)遭受冰雹灾害。其中阿克苏地区温宿县最长降雹持续时间约 40 分钟，冰雹最大直径约 10 毫米；阿瓦提县极大风速 21.7 米/秒(9

级)。共计 4.2 万人受灾;棉花、玉米、林果、蔬菜等农作物受灾面积 3.8 万公顷;直接经济损失约 4.9 亿元。

(52)8 月 17 日,新疆巴音郭楞、哈密 2 市(自治州)3 个县(市、区)出现短时强降水、冰雹天气,其中巴音郭楞蒙古自治州库尔勒市冰雹最大直径超过 10 毫米。据民政部门统计,共计 5100 余人受灾;棉花、香梨等农作物受灾面积 3700 公顷;直接经济损失 9700 余万元。

(53)8 月 18—19 日,内蒙古鄂尔多斯市乌审旗和呼和浩特市土默特左旗、托克托县部分地区出现短时强降水、雷暴大风、冰雹等强对流天气。其中,土默特左旗冰雹最大直径 30 毫米,降雹持续时间约 20 分钟。共计 2.7 万人受灾;玉米、葵花、甜菜、高粱等农作物受面积 2.3 万公顷;直接经济损失 1.3 亿元。

(54)8 月 20—22 日,内蒙古通辽、赤峰、乌兰察布 3 市 6 个县(区、旗)遭受大风、冰雹、短时强降雨等对流天气袭击。其中,通辽市开鲁县极大瞬时风速 21.6 米/秒(9 级),冰雹最大直径 38 毫米;科尔沁区 1 小时最大降雨量 29.0 毫米。据气象部门不完全统计,共计 5.8 万人受灾;玉米等农作物受灾面积 2.53 万公顷,其中成灾面积 2.16 万公顷,绝收面积 1900 多公顷;直接经济损失 2.99 亿元。

(55)9 月 3—4 日,新疆阿克苏地区沙雅县、阿克苏市、拜城县、新和县发生风雹灾害。其中,沙雅县极大风速 22.71 米/秒(9 级);拜城县降雹持续时间约 10 分钟,冰雹直径约 8 毫米。据民政部门统计,共计 7600 余人受灾;棉花、玉米、林果、蔬菜等农作物受灾面积 7200 公顷;直接经济损失 8200 多万元。

(56)9 月 7—9 日,辽宁省铁岭、朝阳、锦州、葫芦岛等市 13 县(市、区)次遭受短时强降水、雷暴大风、冰雹等强对流天气袭击。其中,锦州市北镇市、铁岭市昌图县出现直径 20 毫米以上的大冰雹;铁岭市铁岭县 1 小时最大降水量为 35.3 毫米,瞬时最大风速达 30.4 米/秒(11 级);朝阳市建平县风雹持续时间近 1 个小时。据气象部门不完全统计,共计 5.6 万人受灾;水稻、玉米、高粱、谷子、烟叶、果树等受灾面积 2.66 万公顷;直接经济损失 3.1 亿元。

(57)9 月 22 日,山西省运城市临猗县、万荣县遭受冰雹、大风强对流性天气袭击,苹果等林果作物遭遇严重灾害。其中临猗冰雹最大如核桃,极大风速 26.7 米/秒(10 级);万荣县风雹持续时间 25 分钟左右,冰雹最大如山楂。部分村庄即将成熟的苹果损失惨重。据气象部门统计,两县共计 4.47 万人受灾;苹果、柿、山楂、玉米、香菇等受灾面积 7165 公顷,其中成灾面积 6269 公顷;直接经济损失 6412 万元。

(58)9 月 22 日,陕西省渭南市合阳县、韩城市遭受风雹灾害,其中韩城市降雹持续时间约 20 分钟,冰雹最大直径约 15 毫米。共计 10 万人受灾;苹果、花椒、柿子、葡萄、山楂、玉米、谷子等农作物受灾面积 1.12 万公顷,其中绝收面积近 800 公顷;直接经济损失 6700 余万元。

(59)9 月 30 日至 10 月 1 日,辽宁省葫芦岛市绥中县和大连市市区、甘井子区、金普新区遭受暴雨、冰雹、雷雨大风等强对流天气袭击。其中金普新区 1 小时最大降雨量为 41.0 毫米;大连市区多次出现冰雹,最大直径 70~80 毫米,最大瞬时风力 8~10 级,甘井子区大量车辆因冰雹受损,损失较大;大连机场 44 架过夜航空器,除停机库 1 架外,其他 43 架航空器全部受损,无法正常放行。据不完全统计,此次风雹天气共造成超过 2 万人受灾;玉米、花生、果树、蔬菜等受灾面积 4000 多公顷;直接经济损失超过 2.6 亿元。

(60)9 月 30 日至 10 月 1 日,陕西省延安市洛川县、延川县、宜川县遭受风雹灾害,其中延川县降雹持续时间约 10 分钟,最大冰雹似大樱桃大小。共计造成苹果等农作物受灾面积

5000多公顷；直接经济损失超过5亿元。

(61)10月1日，山东省烟台、威海2市8个区(市)遭受风雹灾害。其中，威海市乳山市冰雹最大直径约30毫米，1小时最大降水量22.5毫米；烟台市牟平区、莱山区冰雹最大直径40毫米，最大风力7～8级。据气象部门统计，共有1.3万人受灾；苹果、桃、葡萄、蔬菜等农作物受灾面积1.05万公顷，其中成灾面积3900多公顷；损坏大棚2座、房屋232间；直接经济损失3.05亿元。

(62)10月1—2日，甘肃省庆阳市西峰区、庆城县、镇原县、环县部分乡镇出现雷电、冰雹、暴雨、大风天气。其中西峰区降雹持续时间约50分钟，冰雹最大直径约50毫米。据气象部门统计，共计7.6万人受灾；玉米、谷子、豆类、瓜果、蔬菜等农作物受灾面积4900多公顷；损毁蔬菜大棚40多座；直接经济损失9200余万元。

(63)10月2—4日，辽宁省出现历史同期罕见的强风雹和大暴雨天气。全省平均降水量43.5毫米，最大过程降水量263.0毫米出现在本溪桓仁县枫林谷景区，均突破1951年以来10月历史极值。最大小时降雨量79.0毫米出现在营口老边区边城镇；最大瞬时风力13级(37.1米/秒)，出现在营口大石桥市周家镇；大连、鞍山、本溪、丹东、营口、铁岭、葫芦岛等市10多个站出现冰雹；全省共监测到闪电1069次。此次过程雷电范围广、瞬时风力强、雨强大、多地出现冰雹，为近10年以来同期最强的对流天气。据气象部门不完全统计，仅大连、鞍山2市部分乡镇出现的冰雹、大风、暴雨天气就造成超过5万人受灾；玉米、水稻、苹果、葡萄等受灾面积9600多公顷；损坏大棚约300座；直接经济损失2.8亿元。

附录 C　2021 年国内外主要气象灾害分布图

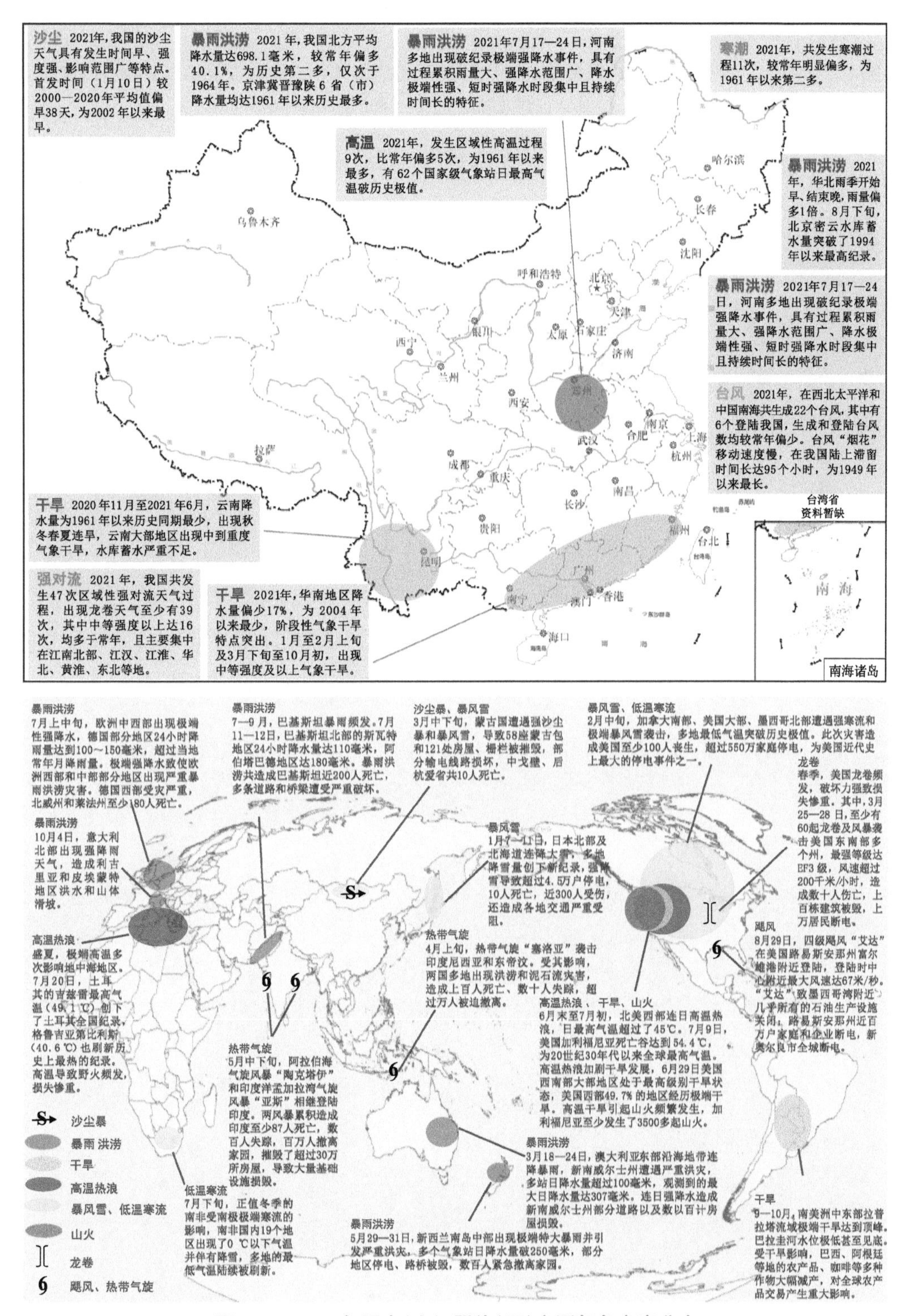

图 C.1　2021 年国内(上)、国外(下)主要气象灾害分布